U0360035

高敏感人群
生 存 指 南

化解焦虑、摆脱负面情绪的
高效抗压术

Mel Collins

〔英〕梅尔·柯林斯 著

黄维锋 译

The
Handbook for
Highly Sensitive People

How to Transform Feeling Overwhelmed,
and Frazzled to Empowered and Fulfilled

机械工业出版社
CHINA MACHINE PRESS

本书由三部分组成，以期带领读者踏上真正的全面理解自我之旅。第 1 部分探讨了高敏感特征的主要品质和挑战，以及它如何成为生活中的真正礼物，而不是一个缺陷。第 2 部分深入探讨了作为高敏感人群，在生活中会受到哪些影响，比如他们倾向于佩戴的很多面具、他们所吸引的人际关系，以及他们如何开始让自己感觉更有价值。第 3 部分提供了广泛的实用策略，从更多的自爱、应对过度兴奋、获得情绪自由、处理损失到面对丧亲之痛等，以便更有效地管理高敏感的特征。

本书由 Watkins Media Limited 授权机械工业出版社在中国大陆地区（不包括香港、澳门特别行政区及台湾地区）出版与发行。未经许可的出口，视为违反著作权法，将受法律制裁。

北京市版权局著作权合同登记 图字：01 - 2019 - 4037 号。

图书在版编目（CIP）数据

高敏感人群生存指南：化解焦虑、摆脱负面情绪的
高效抗压术/（英）梅尔·柯林斯（Mel Collins）著；
黄维锋译. —北京：机械工业出版社，2020.2（2025.1 重印）

书名原文：The Handbook for Highly Sensitive
People：How to Transform Feeling Overwhelmed, and
Frazzled to Empowered and Fulfilled

ISBN 978 - 7 - 111 - 64708 - 9

Ⅰ.①高… Ⅱ.①梅… ②黄… Ⅲ.①情绪-自我控制-通俗读物 Ⅳ.①B842.6 - 49

中国版本图书馆 CIP 数据核字（2020）第 034716 号

机械工业出版社（北京市百万庄大街 22 号 邮政编码 100037）
策划编辑：坚喜斌 责任编辑：坚喜斌 刘林澍 廖 岩
责任校对：黄兴伟 责任印制：孙 炜
北京联兴盛业印刷股份有限公司印刷

2025 年 1 月第 1 版第 7 次印刷
145mm×210mm·6 印张·1 插页·106 千字
标准书号：ISBN 978 - 7 - 111 - 64708 - 9
定价：49.00 元

电话服务 网络服务
客服电话：010 - 88361066 机 工 官 网：www.cmpbook.com
　　　　　010 - 88379833 机 工 官 博：weibo.com/cmp1952
　　　　　010 - 68326294 金 书 网：www.golden-book.com
封底无防伪标均为盗版 机工教育服务网：www.cmpedu.com

本书献给所有我在精神上所爱的人，
和我的导师罗杰·伍尔格教授。

本书所获的赞誉

这本书对直觉的敏感性及其与人类意识进化的关系这一主题做出了重要贡献。它提供了深刻而有益的理解，以及与之相关的各种各样的经验。它提供了各种有帮助的工具，是一本必读书。

——威廉·米德（William Meader），作家、国际讲师

我认识梅尔已经 17 年了，她所做的一切都给我带来了光明和力量。这本书是她的工作的延伸，相信也会给成千上万的人带来伟大的洞见。

——艾伦·达德利（Alan Dudley），英国监狱管理局退休主管

祝贺梅尔出版这本书，在人们对未来充满恐惧和不确定性，而且很多人都在努力寻找生活的意义和目标之际，帮助人们解决"高度敏感"所带来的问题。

——胡安妮塔·普迪福特（Juanita Puddifoot），国际咨询师、伍尔格国际培训理事会成员、欧洲深度记忆处理首席培训师

真正的疗愈是一段艰辛的旅程，突破的喜悦往往交织着长时间的艰难迁移和挑战。对高敏感人群来说，这种体验比其他人更加强烈。作为梅尔众多的老师之一，我知道她一直致力于这样一条心灵之路，相信大家都可以从她的书中受益。她的写作灵感来自深刻的体验，相信她能传达真理。我希望它能得到应有的广泛传播。

——珍·卡修（Jen Kershaw），心理治疗师

我有幸和梅尔一起在监狱工作，并见证了她让一些最难打交道的来访者在生活中做出积极改变的惊人能力。我发自内心地相信她的书会对很多人产生积极的影响。

——海顿·埃文斯（Haydn Evans），药物滥用服务综合科负责人

我花了很长时间才看到敏感的好处。现在，我认为敏感是我创造力的源泉，它帮助我在更深层次上与来访者沟通。这本书正是我们所需要的：高敏感人群的路线图。它将帮助你理解、管理和充分利用敏感这一天赋。

——米里亚姆·阿赫塔尔（Miriam Akhtar），

顶尖积极心理学教练、咨询师兼作家

序言

　　每个人都是不一样的。我记得曾和一个人争论过，十年后，我惊讶地发现，他竟然一点都不记得我们当初的争论了，而我却记得每一个细节。我记得他用的每一个形容词，他领带的颜色，拂过窗帘的微风和窗帘织布上的图案。

　　有些人过了周末就会忘记之前的对话，有些人则永远不会忘记。当我着手写作在英国广播公司工作的回忆录时，一位老板问我："你保留了所有这些25年前的非常详细的笔记吗？""不，"我说，"我把这一切都记在脑子里了。""你不觉得那样很累吗？"他问道，并自豪地补充道："我甚至都不记得上周我在做什么了。"

　　嗯，是的，我想，这确实有点累人。在我遇见梅尔·柯林斯并读了这本书之前，我都不确定高敏感人群是什么——它听起来有点抽象。现在我确信，我们这些高敏感的人被定义得很好，我们甚至应该成立自己的工会。或许因为我是家里最大的孩子，我把父母对我的深切关心变成了一种持续的自我警惕——好像我必须为他们做他们要做的事情一样。又或者这仅仅是基因的缘故？我生来就感觉敏锐，常常有很强烈的感受。我是英国广播公司二台的 DJ，因为常常抱怨耳机声音太大，以至于技术人员不得不为我想出一个方法来堵住一些线路。当一个领退休金的人打电话来电台说她一生中从未有过一个真正的朋友时，我真的难受得哭了。

但我没有抱怨。我发现我有母亲的一种能力，即能够听出一个词所带来的伤害，并能精确感知到别人的感受。我可能会过于担心我在 20 世纪 90 年代初无意中说出的粗鲁言论，但我肯定不会有重蹈覆辙的危险。

我发现自己被拥有相反特质的人所吸引。我记得曾经看到一位知名政客因超速驾驶而入狱。然而，在他获释后的那个周二，他在《新闻之夜》（Newsnight）节目上谈论环境问题时，声音洪亮，看起来没有一点窘迫。我们该如何看待我们中间那些看似穿了防弹衣的人呢？他们好像毫不畏惧身后愤怒的抱怨，径直走到队伍的最前面。

关键是要了解你自己。当内心的声音指责你笨拙、无聊，或者提示你昨晚在酒吧里当着所有朋友的面出了洋相时，请记住梅尔在这本书中的真知灼见。我们高敏感人群比其他人想得更多。对我们来说，坐在沙滩上的一周可能会招致一堆回忆。我们就是这样的。这并不是坏事。我们不需要为此而感到痛苦。我们可以通过理解自己的高敏感性，学会把它看作是一件礼物而不是缺点来获得解脱——这也正是这本伟大的书的作用所在。感谢梅尔写了这本书，感谢你来到我的电台节目，并改变了我的众多听众的生活。

杰里米·瓦恩（Jeremy Vine），播音员兼记者

2018 年 7 月

前 言

是否有人曾告诉你，你太敏感了，你应该停止把事儿都装进心里，或者你需要坚强起来？你是否对他人有高度的同理心？你是一个处理情感问题时要比别人花更长时间深思熟虑的人吗？你是否觉得自己和别人不一样，或者没有归属感，尤其是在你的原生家庭中？你是否很容易被环境和感官刺激压得不堪重负，需要定期撤出来？如果这些问题的答案是一个个响亮的"是"，你很有可能就属于高敏感人群（Highly Sensitive Person，HSP），而这本书将是你的生存指南！

据统计，五分之一的人生来就具有高敏感性。也就是说，全球大约有14亿HSP。然而，在一个不敏感的世界里，人们对这一特征缺乏认识，这使得太多的高敏感人群在身体、情感、心理和精神上都与高度敏感做着斗争。对"过于"或"极度"敏感的判断、批评和奚落会侵蚀他们的自我价值。最终，他们感到孤独和孤立，好像没有人了解他们或看到他们真正是谁，因为他们感觉如此不同于非高敏感人群。

我清楚这一点，因为我就是一个高敏感的人，但在我生命的前32年，我并不知道这一特征的存在。我只是确信我有问题。大量的噪声、明亮的灯光和其他人的情绪都可能会让我筋疲力尽。我会吸收别人的情绪，这会让我感到完全饱和，或相反，就像我被吸干了一样。当我第一次了解到这种特征时，仿佛一盏灯被点亮了，一个巨大的重物从我的肩膀上被卸了下来。在企业部门工作多年，并在监狱里担任毒品康复主管后，我接受了心理治疗师的培训，从那时起，我就专门从事与高敏感人群打交道的工作。

这本书是我在专业和个人能力方面对高敏感人群特征的所有了解的集合。我的目标是使围绕这个主题所做的科学研究变得容易理解，并加入我自己的观点，帮助高敏感人群识别、理解、接受并最终喜爱他们的特征以及这一特征对他们的意义。

对我而言，有一点非常重要，即我要坦诚地告诉大家，我不是从科学角度来陈述的。我是一个右脑更发达的人，所以更有直觉和创造力。因此，在这本书中，我提供的是一个关于高敏感人群的整体观点，包括身体、心理、情感和精神方面的特征。此外，我非常感谢能够在这里引用过去15年里与我合作过的一些高敏感来访者的见解。我希望你会喜欢这本书，并发现它很有用，但首先让我解释一下它是如何产生的，以及如何从阅读中获得最大的好处。

从一个高度敏感的孩子到一个高度敏感的成年人

"害羞"、"安静"、"空想家"和"难取悦的"是在我的成长过程中被用来描述我的一些词汇。"别那么敏感"，或者"你太敏感了！对自己没有好处"，是早年别人传递给我的一贯信息。当时，这些话感觉就像对我的批评和评价，我的情感很容易因此受到伤害。我不知道如何去阻止那些原本属于我的东西，我甚至觉得自己有缺陷。此外，我开始意识到自己的心理能力——我能看到和感觉到别人关注不到的东西——但我把这些奇怪的经历留给了自己。那是一个非常困扰我的时期。

我的学校生活有时很艰难，但我用幽默感作为一种应对策略和获得别人接受的方式。我很有同理心，我的大多数朋友都会向我倾诉他们的问题。虽然学业有成，但在父母离婚期间，我在最后一年的 A 级考试中考砸了。我悲痛欲绝，挣扎着去处理我强烈的情感。所以，我没有上大学，而是开始在银行工作。我早婚，生了个很棒的儿子，后又离婚，身体出了问题，离开了银行，开始在保险业工作。在这期间的大部分时间里，我都感到很失落。最终，我到达了人生的一个转折点。因为我高度敏感，与真实的自己脱节，还患有慢性疲劳症，这些都让我感到自己与他人如此不同，于是我开始寻找答案。

我去看了一位心理咨询师，她承认并保护了我的敏感性（但她没有提到高敏感人群的特点），我又开始对自己有好的感觉了。我也感觉到我的直觉和（本已消退的）心理能力回来了。她的咨询对我帮助很大，所以我决定自己接受训练，成为一名咨询师。就在我接受这种咨询训练后不久，受人尊敬的美国心理学家伊莱恩·艾伦（Elaine Aron）给了我一本名为《高敏感人群》（*The Highly Sensitive Person*）的书，她对这种特征的开创性研究改变了我的生活。我终于对自己有了一些肯定，知道我没有什么"问题"。这是自我发现之旅的开始，我又花了几年的时间收集了足够多的资料来学习作为一个高敏感的人如何最好地管理我的特征，并让自己进一步发展。

在完成最初几年的咨询训练后，我开始寻找一份可以帮助他人的工作，不久我就成了一名帮助监狱里的重刑犯进行酒精成瘾康复治疗的咨询师。两年后，我被提升为高级主管，负责药物策略部门。虽然这在很多方面都是一个有价值的角色，但作为一个高敏感度的人，我开始不堪重负。我的感觉神经系统经常处于过度兴奋的状态，以前的慢性疲劳问题又出现了。然而我坚持了下来，在这个充满挑战的环境中又持续承担了八年囚犯的康复工作。对高敏感人群来说，在监狱里工作似乎有点自相矛盾，不是吗？但那些关于过于敏感和需要坚强的信息已经深入我心：我在自己周围筑起了相当坚固的防护墙——我真实的自我仍然被锁在里面，回首过往，我想我是在努力证明自己。

过去的十年是一段在很多层面上展开的旅程。我学到了很多人类在监狱里的行为，以及人们的"阴影"或黑暗面的知识。我在监狱外继续我的咨询训练，继续取得不同流派的治疗资格，并成为一名注册的心理治疗师。在监狱工作之余，我开展了兼职咨询服务，最终在 2011 年离开监狱，成为一名专职咨询师和治疗师，专门从事针对高敏感人群的咨询工作。我现在主要教授和书写关于这种特征的内容，目的是提高人们对这一主题的认识，这样更多的高敏感人群就能学会接受和喜爱自己本来的样子了。

关于这本书

几年来，我一直觉得写这本书，并分享我作为高敏感人群一分子的专业知识和经验很有指导意义。我想帮助其他高敏感的人更好地理解他们的感受和挑战。我想引导他们发现自己独特的优势和品质，了解如何疗愈自己，并对自己感觉良好。

我希望这本书也能对那些不属于高敏感人群，但知道其他人属于高敏感人群的人有所帮助。高敏感人群和非高敏感人群之间可能会有很多误解，消除一些关于高敏感度的迷思将有助于拉近两个群体之间的距离。

本书提供了实用的策略来帮助高敏感人群更有效地生活在这个忙碌的世界。这本书分为3个主要部分——这不仅使它更容易阅读，而且在阅读的过程中你可以踏上自己的个人发展之旅。第1部分提供了对高敏感特征的进一步了解，并包括一个自测表，让读者能够评估自己或亲人是否属于高敏感人群。还讨论了具有高敏感特征的人的主要品质和面临的挑战，以及这些对高敏感人群的生活的影响。它还深入研究了影响这些特征的心理因素，并概述了如何开始一段让自己感觉更有价值、更充实、更完整的旅程。

第 2 部分提供了实用的策略，以更有效地管理这些特征及相应的情绪强度。这部分包括应对过度兴奋、学习 EFT（情绪释放技术，也被称为"轻敲"技术，可以使情感更健康）、能量保护的艺术，以及发展更多的自爱。

在最后一部分中，我利用我作为心理治疗师的训练，涵盖了很多高敏感人群在通往真实的旅途中（无论有意与否）一直在寻找的更多精神层面的内容。并不是所有的高敏感人群都会对这个部分感兴趣，这没有关系。本书的其他部分将提供实用的技巧，以帮助他们更有效地以高敏感人群的身份生活。最后一部分提供了一个关于抑郁、焦虑和愤怒的精神视角。最后一章的重点是如何成为一个更强大的高敏感的人，以及如何找到你的人生目标。

我发现，大多数与我接触的高敏感来访者都渴望被他们自己和非高敏感人群所接受，并更深入地了解自己的特征。他们想要蓬勃发展，而不仅仅是生存。他们想要更好地管理自己的敏感。他们也想知道自己的人生目标。他们中的大多数人觉得自己来到世上是为了改变这个世界，但不知道如何去做。如果你有高敏感人群的特征，并准备开始一段自我激励的旅程，或者你只是想了解更多，请继续读下去，在这本为高敏感人群准备的手册中，你会发现和赞美真正的自己。

目　录

第 1 部分

▼
▼

什么是高敏感

正如前言所述，约有 20% 的人属于高敏感人群（HSP）。这意味着什么呢？任何一个高敏感的人比没有这一特征的人在情感体验上更加深刻持久。他们是沉思者，对于生活事件有更活跃的情感反应，对别人的爱憎也更强烈，这一点在非高敏感人群看来是反应过度的。他们能够发现别人没有注意到的细节，深刻地与人共情。他们很容易被环境影响，感官敏锐，对高强度刺激的容忍度有限。刺激过度时，他们的感知神经系统将被高度唤醒，因而会感到很有压力。

整体看来，高敏感意味着他们的直觉与其他感觉——味觉、听觉、视觉、触觉和嗅觉非常契合。他们有能力在不知道如何知晓的情况下就感知到事物。显然，与没有高敏感特征的人相比，他们有更深层次的直觉能力。

有必要澄清的是，如果非高敏感的人读到这里，认为自己的感觉有时候也是高度敏感的，那他们可能是对的。每个人都可能在一些时候感觉高度敏锐。事实上，很多人随着年纪的增长变得越来越敏感。但这和我们所说的"高敏感人群"是不同的。高敏感人群的神经系统与众不同，他们大脑内的感知和信息处理过程拥有心理学定义上"感觉通道高敏感性"的特征。

本指南的第 1 部分将详细讨论高敏感人群的特征及其心理学背景，告诉你所有需要知道的有关高敏感性的信息，以及它怎样影响人们每天的生活。

第 1 章
高敏感人群的特征

  瑞士精神病学家、精神分析师卡尔·荣格在 20 世纪早期讨论了天生敏感（Innate Sensitivity）的概念及其对儿童和成年生活的影响。然而，直到 20 世纪晚期，伊莱恩·艾伦开创性的研究和临床工作才提供了关于高敏感特征的深入的心理学理解。她的研究显示：高敏感性（Highly Sensitivity Trait）是一种天生的气质特征，而非某种失调或疾病。有意思的是，高敏感人群中有三分之一的人具有外向性格，这清楚地表明高敏感并不等于内向。艾伦博士写了很多关于高敏感人群的书，我强烈推荐大家去读。

艾伦最新的研究涉及高敏感人群的大脑，尤其是与移情和感觉加工过程相关的部位。研究结果显示，高敏感人群与意识、移情和自我—他人加工相关的大脑部位比非高敏感人群更加活跃。如果你想知道更多的细节信息，可以访问伊莱恩·艾伦的网站，其中"文章"一栏介绍了与这一特征相关的科学研究成果。随着与大脑相关的课题不断呈现，这一领域的研究也蓬勃发展，越来越多的人开始了解高敏感特征并着手研究它所带来的影响。

你是一个高敏感的人吗？

我开发了下面的清单作为自助工具，帮助你识别自己是否拥有高敏感人群的特征。如果你觉得你爱的人可能是一个高敏感的人，你也可以将其作为指标来衡量。只是要注意，每个人都是独特的，高敏感表现在不同的人身上也可能是非常不同的。这些个体差异与很多因素有关，如社会经济因素、个人历史等。

请注意：这个清单并不意味着诊断或者排除任何诊断

请根据你自己的感觉诚实地回答每一项描述。如果你感到至少有一部分是这样的，就在该选项前打勾，如果你觉得描述得不太像或完全不像，就保持选项空白。

☐	1. 你经常从周围的人那里得到这样的评价：你太敏感了；或：你需要坚强点儿，别那么敏感。
☐	2. 你似乎比别人体验到更强烈、更深刻的情绪和感受。
☐	3. 你在人群中常常有一种被淹没的感觉，很想抽身出来。
☐	4. 你对喧闹、拥挤、否定很敏感，常常感到需要逃离。
☐	5. 你有很强的直觉，能捕捉到人和环境的细节。即便别人没有意识到，你也能感到有什么地方不对劲。
☐	6. 你非常小心谨慎，考虑各种可能的结果，因此需要很长时间才能做决定。
☐	7. 你非常专注认真。
☐	8. 你十分关注细节，或被人认为是个完美主义的人。
☐	9. 你十分尽责。
☐	10. 你有清晰的价值观和道德观。
☐	11. 你非常重视社会公平，并且常常为弱势者发声。
☐	12. 你对环境议题敏感，会因为人类对地球做的事感到深深的痛心。
☐	13. 你总是能看到大局。
☐	14. 你在过度刺激的时候会忽略自己身体发出的信号，以至于感到疲惫、筋疲力尽，或相反——感到焦躁不安，无法入睡。

（续）

请根据你自己的感觉诚实地回答每一项描述。如果你感到至少有一部分是这样的，就在该选项前打勾，如果你觉得描述得不太像或完全不像，就保持选项空白。

☐	15. 你容易受别人情绪的影响，别人说他们跟你在一起会感觉好一点，你则会感到很耗精力。
☐	16. 你对爱自己很纠结，倾向于照顾或拯救别人。或者你正遭受或曾经遭受低自尊的痛苦，感到自己不够好。
☐	17. 你是一个天然的给予者，对与人划清边界感到很纠结，这将使你成为牺牲品，或很容易被别人操控。
☐	18. 当你被批评、评价、背叛、欺骗、隐瞒时，会感到相当受伤和沮丧。你需要很长时间才能恢复过来，或者你会感到自己将无法完全忘却它。
☐	19. 你感到建立合适的友谊是很困难的，或者你因为你的伙伴无法理解你的敏感而有过一段失败的关系。
☐	20. 你经常在情绪化的时候体会到"身体不是自己的"（解离），或者感到自己被隔离开，或者产生做白日梦的感觉。
☐	21. 你曾借助酒精、药物或者食物来应对自己的情绪敏感。
☐	22. 无论是灵魂伴侣、高敏感人群、心理治疗师或医治者，当他们真正懂你的时候，你会感到他们仿佛在黑暗中点亮了一盏灯，你感到自己被看见、被理解。

分 数 解 释

- 如果你的勾选项在 14～22 个之间，你很有可能属于高敏感人群（HSP）。

- 如果你的勾选项在 7～13 个之间，你可能属于高敏感人群。

- 如果你的勾选项少于 7 个，但选项描述相当准确，你仍旧可以考虑自己是否属于高敏感人群，尤其当你选了选项 1～5，14 和 15 时。

除此之外，还有一些方面在高敏感人群中很普遍，尤其是那些对精神特征有高度觉察力的人。所以，作为一个高敏感的人，你可能对下面的描述很熟悉：

- 是一个沉思的人

- 高度的创造性和/或对艺术充满热情

- 会做生动的、先知般的梦

- 被慈善事业或人道主义所吸引

- 亲近动物、自然

- 感到与自己的直系血亲非常不一样

- 将精神活动或宗教信仰视为生活的基本组成部分

- 相信存在看不见的世界（如天堂），（或）有心理或精神方面的相关体验

  这些方面的细节请参见第 3 部分的详细讨论。

环境和感官的触发因素

存在大量影响高敏感人群的环境和感官的触发因素。社会神经科学家比安卡·阿塞韦多（Bianca Acevedo）、艾伦和其他人的一项关于高敏感人群的大脑研究发现，高敏感人群对微小刺激表现出敏锐的洞察力，且对正性和负性的刺激都做出了更多反应。所以如果你发现下面列表中的刺激能唤起你的共鸣，可能暗示着你拥有高敏感人群的特征。

- 拥挤
- 高噪音
- 警报或鸣笛
- 亮光或非自然光，如白炽灯的光
- 刺鼻的气味
- 温度改变及其他气候变化

- 地磁风暴和太阳耀斑

- 电磁辐射(EMF)⊖

- 缺少空间或从过度刺激中解脱出来

- 没有置身于大自然

- 月相，尤其是新月和满月

- 公众演讲

- 见陌生人

- 身处压力中，或工作量太大

- 截止日期

- 被观察，接受测试或评估

　　上述列表并未穷尽所有可能，但强调了一些影响高敏感人群的主要环境因素，它们会过度刺激高敏感人群的神经系统。需要澄清的是，即便这些因素会导致过度刺激，也并不意味着高敏感人群处于一种被过度唤醒或不堪重负的持续性

　　⊖ 电磁辐射(EMF)是指由电力辐射导致的电磁场。有些电磁辐射是自然发生的，如可见光，但有些是人为的。电子设备放射低频的电磁场，而无线设备、手机、计算机、微波炉、核磁共振成像及X光设备产生的是高频电磁场。电磁敏感(也被称为"微波病")会导致注意力集中困难、睡眠问题、抑郁、头痛、心悸、疲劳及其他症状。高敏感人群比非高敏感人群更易受到影响。

的状态中。

现在，你应该对高敏感人群的优势和劣势有了一个更加清晰的认识。高敏感人群主要的优势是可以注意到微小的细节，拥有问题解决能力，高度的直觉、共情和激情，以及看到全局。正如之前阿塞韦多等人的研究所指出的，"高敏感的大脑会更加配合和回应别人的需要"。部分高敏感的来访者这样描述他们的特征：

"我感到自己能用一种别人做不到的方式帮助别人。有时候即便别人不说出自己的事，我也有能力感受到。"

"不管怎样，我都能看到人和事的真相。我知道怎么让他们获得疗愈，因为我能看得更广阔。"

即便还存在一些劣势，这些特征如果被更好地理解，它们也将更容易得到管理。很多不堪重负的情境发生在高敏感人群试图和他们周围的非高敏感人群保持一致，或者至少看上去一致的时候。看看下面方框中"高敏感人群的旅行"的故事，你会更加理解我在说什么。

高敏感人群的旅行

对绝大多数人来说，假期和周末旅行总是愉悦和兴奋的。即便是工作会议或培训课程，也能让我们从一成不变的日常生活中跳脱出来。但对高敏感人群来说，即便他们希望能去度假、旅行或参加活动，这些场景对他们的刺激也太大了。

在知道这些特征之前，我极力想理解为何我周围的人没有像我一样受到旅行或待在陌生地方的影响。对我来说，车上的长途旅行、忙碌的机场或火车站、匮乏的个人空间、宾馆房间内不同的气味、温度的改变等都会让我的神经系统处于一种过度兴奋的状态。我的同伴在飞行了几个小时后可以直接出门，而我却几乎不能动弹。我必须完全远离外部世界，远离任何噪声、人或刺激。但我经常会与内疚感做斗争，而且在选择照顾自己的需求或在派对上做个扫兴的人时也会产生内心冲突。很多时候，我会屈服于同伴的压力，直接走出去，忽视我身体传递出来的高度觉醒的信号。这使事情更加糟糕，因为我需要花费更长的时间使我那被过度刺激的神经适应新的环境。在我们回去后，我的朋友只要沾到枕头就能睡着，但我可能会彻夜不眠。如果第二天事情安排得很满，以致我没有自己的时间和空间去调整，我甚至会失眠两夜。环境的改变、不同的食物或者睡眠的缺失又会引发偏头痛，然后我就生病了，好几天无法行动。出门一星期的开始几天对我来说更像一种折磨，而非度假。最后我那过度兴奋的神经会松弛下来，适应新的环境。但是等到我能够开始享受我的假期，半个礼拜已经过去了。

然而，当我知道了高敏感人群的特征，并对自己了解得更多之后，我就知道怎么应对它们了，也更能善待自己。比如，我现在只和高敏感的朋友或者友好的非高敏感的朋友一起出行。我经常在到达目的地的最初几个小时或头一夜要一间独立的房间。我会休息一下，或者洗个澡，给我的感觉系统一些时间来适应周围的环境，而且我常常适度地使用其他策略减少我的过度反应。接下来我就能很好地出门了！当然，每个人都会有自己处理类似情况的办法，知道什么方法最适合自己非常重要。

我们之后会更加详细地讨论如何处理过度兴奋（见第11

章）和自我管理的不同策略。现在，让我们看看我的一些高敏感的来访者怎么描述他们不堪重负的体验：

"我会让自己非常安静或者装模作样，像一个自负的人那样。当我开始有这种感觉时，我很难做回我自己。"

"我把自己关在外面。"

"我进入一种孤独的状态。"

"我离群索居，我想睡觉。有时候我会尝试让自己保持忙碌来忘记自己的不堪重负。"

这当中的一些经历你可能很熟悉。至少它们让我产生了共鸣！另外，读了我作为高敏感人群出去度假的体验，你可能很想知道我究竟为何能够在监狱中工作这么多年，尤其是面对这么多负面的东西！

因此，在接下来的章节中，我决定以一个高敏感个体的视角分享我如何在监狱度过典型的一天。我希望这能告诉你为什么我要找到更好的应对策略并发展自助的技能来更有效地管理我的高敏感特征，从而提醒你也可以找到方法来应对自己的高敏感性，让自己的人生蓬勃而丰富。

第 2 章
钢铁和石头铸成的世界

　　有很多高敏感个体工作在紧张、艰难、充满挑战的环境中，正如在企业和公共机构中一样。他们中的很多人都是高度专注于自己的事业的。他们常常是受目标驱动努力工作的人，想要在社会上创造一些不同，而不仅仅只是承担他们的工作责任。有时候高敏感人群对自己太严苛，极度渴望自己成为成功人士，尤其在他们努力掩盖自己的高敏感特征时。这是因为在西方社会，敏感常常被看作一种弱点。

　　不管是高敏感人群还是非高敏感人群，当工作在一个普遍消极、充满挑战的环境中时，或多或少会受到影响，但我要跟大家分享作为一个高敏感的人，我在监狱中工作是什么样子的，这样你就能从一个更加个人化的角度理解这些特征的主要指标。理解这些能帮助你了解自己作为高敏感个体在工作或生活中会面临什么样的挑战。然后你就可以使用本书第 2 部分的知识来为自己制定自助策略以应对你自己的挑战。这一章可能不是很好读，因为它揭示了我在监狱发现的黑暗和痛苦，所以请务必相信我们也在积极的方面做了很多很棒的、充满慈悲的工作。

工作日程

每天早上，我都会从监狱的正门走进去，尽管有严格的制度保证一切安全、受控和有秩序，一般还是不知道下一秒会发生什么。我说的这些都是真实的。即便在风平浪静的一天里，我的感官依旧保持敏感，以应对周围几百个囚犯和所有值班人员。作为每天早上的第一件事，每当我走过牢房时，光是那种气味就让我感到过于浓烈（我工作第一年的时候，囚犯们还需要把他们过夜的马桶倒在走廊的一侧）。

走进牢房会感觉到幽闭恐惧：这是一个非常小的房间，

包含一张床、一个小碗柜、一个水槽、一个马桶和一扇非常小的装有铁条的窗户，这一切都让我感到自己像被困在笼子里的动物。在最初的几年，囚犯们的表情、轻佻的口哨声，还有低俗的评论经常让我感到精神上受到了性骚扰，这可能也是在这个环境下工作的最困难的部分。

在某些日子里，噪声会逐步升级，感觉就像有人把耳机放在我耳边，把音量调到最大。因为窗口很小，且有栏杆挡住，这里很少有自然光，到处都是明亮的荧光灯。办公室都有电脑和电器，放射着电磁波，我身上每天穿着防辐射服，而这也对我身体的能量场产生了影响。被囚犯攻击或被劫持成为人质的风险一直存在，这意味着我的神经系统在一定程度上总是紧绷着的。我的肾上腺因而分泌能导致我的神经系统高度唤醒的皮质醇（一种跟压力有关的激素）。

在一些困难的日子里，我会看到囚犯们要么尝试将牢房撞碎，要么试图攻击别人，可能是因为他们正经历着药物减量带来的戒断反应，或者因为使用走私的类固醇引发了类固醇癫狂。我也要处理那些服药过量的人和从医院返回后需要接受危机干预的人。有些犯人身体内的疼痛会导致自我伤害式的呕吐，而那些觉得没有什么值得自己活下去的人需要接受危机评估，要将囚犯置于自杀监控之下。每天都有很多痛苦和创伤性事件需要处理。当然这并非监狱独有的，我们的军队、急诊室、卫生和社会保健机构也需要面对这些。对每个人来说这都很困难。

然而，对于高敏感人群来说，高度共情意味着我们能体会到别人的情绪和感受，仿佛别人就是我们自己一样。我们处理棘手的事件，并把我们自己的感受和别人的区分开来常常需要花费比别人更多的时间，特别是如果我们还没有以高敏感人群的身份在这方面做过任何个人发展工作的话。

有时候，当紧张局势朝着冲突可能爆发的方向发展，我能感受到自己因愤怒而颤抖。囚犯们大爆粗口带来的负面感受有时候就像穿过一群蜇人的蜜蜂一样。当偶尔发生骚乱时，会非常可怕，看到同事们被袭击也会非常痛苦。看到囚犯因他们的愤怒和暴力被囚禁，就像看一只拴着链子的动物四处乱窜，想要杀掉它的猎物。同事们常常在处理这些事件时受伤，参与其中的每个人都会肾上腺素飙升。正是这样的日子让我被过度唤醒和过度刺激，其程度超出常态，我的神经系统会处于警觉状态，紧接着至少有一到两天会无法安睡。

无论谁工作在这样的环境下都会感到很有挑战性，但是对高敏感人群来说，科学已经证明，由于对这些刺激的反应增加了大脑相关区域的活动，这种挑战的强度会被放大很多倍。此外，很多高敏感人群的决心被认为足以应付任何事，你可以看到这会造成多大的损失。回头看看，我有时候很好奇那十年我到底是怎么应对所有这些事情的。很幸运，我有能力发展出应对策略以有效地管理我大部分的高敏感特征。在这本书里我将和你分享这些策略。

现在你可能已经知道了（如果你之前并不知道的话），高敏感特征的劣势非常清楚，但高敏感人群也有很多优势。对于高敏感人群来说，忽视或遗忘这些优势和积极的品质是很常见的，但请记住，高敏感人群的优点有很多！ 所以，在接下来的章节中，让我们看看其中的一些优势，并提醒我们自己，当高敏感特征真的被接受和拥抱时，它将是一份多么珍贵的礼物啊！

第 3 章
敏感是礼物，不是缺陷

　　许多高敏感的人很难认识到并拥有高度敏感的惊人天赋、品质和能力。事实上，很多人根本就不能认可它们，因为他们并不认为高度敏感的特征是他们自己身上正常、自然的部分。对另外一些人来说，这些特征带来的挑战能完全掩盖或抵消任何积极的影响。这一章将提醒我们注意高敏感人群的所有非常积极的品质。它将敏感性从许多人眼中的缺陷重塑为一件被认可的礼物。基于此，我希望这能激励那些自认为属于高敏感人群的人带着自爱和高度的自我价值感开始更真实、更满足的生活。

多年来，通过我的咨询和治疗实践，以及和其他高敏感人群的相处，我能够识别高敏感人群中出现的最具有一致性的品质和能力，它们是：

- 高度的共情能力

- 很强的直觉

- 仁爱与慈悲

- 良好的倾听能力

- 诚实

- 慷慨

- 天然的疗愈能力

- 知道什么时候人们在说谎的能力

- 高度的创造性

- 对自然和动物的深度赞赏

- 能够看到大局

- 良好的问题解决技巧

- 非常勤奋的天性

- 强烈的忠诚感

- 注意别人没有注意到的微妙之处

- 心灵感应能力

有趣的是，不管人们是否意识到自己拥有这些品质，它们似乎引导很多高敏感人群进入了专业领域，在这些领域中表达他们的创造性和艺术天赋，使用他们天生的"顾问"品质，或者运用他们的爱、同情或疗愈能力。举例来说，部分高敏感人群经常选择的角色有：教师、作家、心理治疗师、精神疗愈师、艺术家、研究者、护士、医生、社会保健和健康工作者。另一些人则因他们对社会公平的关注而被吸引去从事法律或公共服务工作。很多人为慈善组织工作，尤其是处理与儿童、弱势群体、动物和环境保护有关的工作。当然，高敏感人群会从事任何职业，扮演各种角色，尤其是当他们觉得自己可以重新平衡重心，转向和平、爱和保护的时候。这也是为什么你经常发现他们在富有挑战性的环境中工作。

高敏感人群往往对社会贡献巨大。这种价值观在日本、瑞典和中国得到了更多认可。这些国家的文化更能接受和培养与敏感特质相关的行为。比如在日本，手势、身体语言会与人们的心情相协调，很多人认为沉默是重要的沟通技巧，因此高度敏感者往往更受重视。遗憾的是，要使其他许多国家也接受这一点还有很长的路要走，尤其是在物质主义最根深蒂固的文化中。我相信时代已经发展到了对个人、职业和社会水平的敏感性产生新认识的时候。

很多旧有思维方式给高敏感人群的心理留下了深深的集体创伤，他们中的很多人将自己视作有缺陷的，这需要得到疗愈。下面是一个关于缺陷的精彩寓言，可以帮助我们开始将敏感性从缺陷重塑为礼物。

裂缝罐子的美

一个挑水工每天带着两个罐子，用来给他主人的房子送水。其中一个罐子非常完好，另一个罐子有一道裂缝，水总是从里面漏出来，到家的时候往往只剩下一半的水了。裂缝罐子感到自己跟其他罐子不一样，总觉得自己不够好，比不上其他罐子。有一天这个罐子跟挑水工聊天，不好意思地为他因自己而需要增加的工作量和努力道歉。它觉得因为这道裂缝，自己是有缺陷的。但挑水工把它抬到外面，让裂缝罐子看他们每天走的那条路：路的一边开满鲜花，另一边却什么都没有。他告诉裂缝罐子，他在路的两旁撒下了种子，知道漏出来的水会浇灌到种子上，并帮助它们长成他们见到的美丽花朵。这些鲜花被采摘送到主人的房间，被所有人享受和欣赏。挑水工对裂缝罐子说："如果你不是现在的你，就不会有这种美来装点这所房子了。"

很多高敏感的人从童年时期就确定自己是有缺陷的，就像这个寓言里的裂缝罐子。他们因为高度敏感而感到无力或不那么有价值。但就像裂缝罐子滴下的水能帮助鲜花成长，绝大多数高敏感的人并没有意识到他们持续浇灌的友好、怜悯、共情、爱和创造力也经常使别人得以成长和盛放。是时候重塑我们的敏感性了，认识到我们的"裂缝"是优点，而且它们有力量将一些美好的东西带到这世上。保持敏感并不会使我们无力，这是关于我们是谁以及找到我们生活中的真实追求的关键。

我们越是能认识到并珍视自己许多美好的"敏感"特质，就越能把它们作为我们生活的锚，来帮助我们处理许多挑战。这些挑战高敏感人群经常面对，我们将在下一章讨论其中最常见的几种。

第4章
高敏感人群面临的十大挑战

在我的一生中面对过很多关于高敏感特征的挑战，所以当我开始在这个领域开展咨询，我开始好奇是否其他高敏感的人也面临同样的问题。因此，作为研究的一部分，我决定找出我的来访者面临的主要挑战是什么——看看我能否找出其中一些共同的主题。作为这项工作的成果，我列出了高敏感人群的"十大挑战"。

如果你属于高敏感人群，你可能会认出它们，并充分意识到它们的复杂性。然而，如果你觉得自己属于非高敏感人群，读这本书是为了对所爱之人的性格有更多的了解，我希望这将让你了解他们可能会面临的困难，并为你提供一个切入点，从更个人化的角度向他们提出这些问题。以下是我看到的高敏感人群最常见的十个挑战（它们的排列没有先后顺序）。

1. 像一块吸收情感的海绵

高敏感人群天性善良，富有同情心。社会神经学家比安卡·阿塞韦多等人的研究发现，大脑的激活情况表明，当被试看着表现出任何种类的强烈情绪的人脸时，高敏感人群相比非高敏感人群不仅共情反应更强烈，而且镜像神经元系统更活跃。这些神经元与我们的共情能力有关。它们的活动以及人们在生物神经系统方面的差异有助于我们解释为什么高敏感人群很容易就会感到筋疲力尽和过度消耗。

消极的环境也会消耗高敏感人群的能量。比如说，过度嘈杂或与一大群人在一起会让他们感到被过度刺激，因而疲惫且不踏实。当这样的情况发生时，高敏感人群常常感到需要从外部世界抽身回来，释放吸收的能量并重新"充电"。有些高敏感个体甚至会从别人那儿"习得"身体症状，仿佛这些症状发生在自己身上。

小贴士：采取措施保护你自己和你的能量场，这样你就可以避免从你身边的人和事中吸收太多的消极情绪。请翻看第 13 章，那里有一些练习能够帮助你。

2. 深刻的情绪敏感性

高敏感人群常常被深深感动，甚至感动得流泪，并伴随积极的情感，如快乐、善良和爱。但他们也会与消极情绪做斗争，比如内疚、羞耻、恐惧、受伤、失落、无价值感、嫉妒、愤怒和背叛的感觉。因此，当遭受批评、评价、隐瞒或被骗时，他们很容易封闭自己。相比非高敏感人群，他们从这些经历中恢复所需要的时间更长。阿塞韦多、艾伦等人的一项研究表明，大脑中一个叫作脑岛的区域在高敏感人群中比在非高敏感人群中更容易被激活。脑岛负责将对内在情绪状态时时刻刻的感知与其他事情结合起来。

小贴士：通过自我发展（见第 2 部分）而不是怨恨或抗拒，来接受和管理你的天然情绪，将足以帮助你更好地应对情绪化的状态。这也将使你把你的敏感作为一种力量，而不是让它控制和压倒你。此外，一个合格的专业人士能帮助你克服情绪上的挑战，找到更多内心的平静。

3. 无归属感

对于高敏感人群来说，一种无归属的感觉往往是从他们的家庭开始的。他们可能会觉得与家庭成员很不一样——不仅仅是他们思考和行动的方式，还包括他们如何看待世界。他们可能将自己视为家庭中的异类，或者觉得自己在公司里有点异常。他们中的很多人在童年的时候都试图使自己跟周围人一样，并试着适应或者不让自己看起来与众不同。

> **小贴士**：请阅读第18章，从心灵的角度来理解为什么高敏感人群会有这种感觉，并使用第2部分的自我帮助策略来转化这些感觉。EFT（情绪释放技术），也被称为"轻敲"技术，结合心理学和穴位按摩的方法疏通被卡住的想法、感觉和信念，对此尤其有帮助。

4. 艰难的童年

对于许多我曾与之共事的高敏感人群来说，童年似乎是一段非常困难或痛苦的经历。此外，对他们中的一些人来说，年轻时受到欺负或虐待似乎是一种常见的经历。然而，值得注意的是，并不是所有的高敏感人群的童年都有这样的问题。以下是我的高敏感来访者对他们童年的一些看法：

"还是个孩子的时候，我在学校因为与众不同而被欺负。"

"我能毫不费力地读出成年人的情感，这让我很困惑，因为我不理解这些情感。我小时候非常敏感和害羞。"

"我发现当一个高敏感的孩子很难！令人沮丧的是，这个世界对高敏感人群而言是充满压力的，而不是非常支持的。"

"我曾是个害羞的孩子，对拒绝很敏感，而且不喜欢一个人待着。我觉得自己在学校不合群。在我十几岁的时候，我遭受了语言暴力，变成了一个内向的人。"

> **小贴士**：如果童年的欺凌行为仍然对你成年后的生活或心理健康产生有害影响，请向专业人士咨询。你可以问问你的医生，你也可能会受益于一些 CBT（认知行为疗法）咨询。或者联系精神健康慈善机构寻求支持和进一步的建议。

5. 自尊和自我价值议题

一部分高敏感人群会与以下议题做斗争：低自尊、低自我价值感、缺乏自信、缺乏自爱或感觉自己不够好。这种情况最常发生在他们敏感的天性在早年受到批评或评判时，这使他们感到尴尬或羞愧。许多人都有取悦他人，或试图"修正"乃至拯救他人的倾向，这往往是试图满足自己未被满足的需求的无意识驱动力。

> **小贴士**：第 10 章 "自爱的解决方案" 是解决这一问题的良好起点。在这一章你会发现一些简单的日常练习，它们可以增强你的自信，让你迈出作为高敏感人群实现成长和绽放的第一步。

6. 关系斗争

在我的临床经验中，相当多的高敏感人士由于伴侣不理解他们的特征，或当他们感到沮丧和不知所措时对个人空间的需求，而有过困难的亲密关系。这常常在两个人之间引起很多冲突和积怨。此外，在他们的早期恋爱关系中，很多高敏感人士因为害怕被评价为"情绪化的"而倾向于封闭自己的情感，戴上"假面具"以掩盖真实的自己。因此，他们的伴侣往往无法满足（甚至不知道）他们真正的情感需求。如果这种面具随着他们年龄的增长而日益根深蒂固，他们很容易因为自己感觉不到真正的联结而与伴侣分手。或者发现自己与需要帮助的伴侣、成瘾者或自恋者处于相互依赖的关系中，以至于在这段关系中没有满足自己情感需求的空间。

高敏感人群是天生的给予者和很好的倾听者，但他们发现培养友谊也是一件难事。因为他们经常会吸引一些单向的友谊模式，而当他们自己需要得到支持时，他们往往发现缺少这种给予类型的友谊。

> 小贴士：对你在自己的生活中所拥有的人际关系类别有所觉察。注意它们是否互补。比如，你是那个必须四处奔波组织一切的人，而另一个人只是出现并被服侍着吗？你们的关系在给予和接受、诉说和倾听之间是否平衡？如果不是，请开始采取措施让这些关系恢复更好的平衡。

7. 健康议题

高敏感人群对疼痛极其敏感，容易出现慢性疲劳、纤维肌痛或失眠。许多人经常与过敏、不耐受、肠道易激综合征和消化问题做斗争。从生理层面上看，这可能与食物和化学敏感性有关，但在情感层面上，这可能代表着高敏感人群能够"消化"并适当地处理他人的问题。作为一名心理治疗师和精神疗愈师，我发现我们的精神、情感和身体之间总是有联系的。从长远来看，我们内心的"不安"可以而且经常会表现为身体症状。

在我的临床经验中，我发现一些高敏感人群也有药物滥用的历史。作为应对他们的敏感性的一种策略，他们使用的可能是咖啡因（感到筋疲力尽或能量耗竭时）、食物（无论是普通的还是特殊的）、酒精和药物（用以放松或逃避现实）。有的人可能会使用更容易被社会接受的上瘾方式，如做个工作狂，对他们需要面对的高度敏感的困难表现出麻木等。

> **小贴士**：确保你建立了一套积极的自我照顾的习惯，包括让专业人士检查所有重要的健康问题。简单的活动（如每天散步）或其他形式的规律锻炼以及放松办法（比如洗个睡前澡或每天做一些简单的冥想）对健康和幸福有巨大的好处，尤其是对那些倾向于忽视生活中自我照顾的高敏感人群。如果你想了解更多关于你的情绪和身体健康之间的联系，我推荐露易斯·海（Louise Hay）的书《生命的重建》（*You Can Heal your Life*）。

8. 难以接受"内心的黑暗"

我们都有原始的本能，包括寻求快乐或权力。然而，由于高敏感人群一般都是善良的人，他们想要"做个好人"，对别人好，所以他们往往难以接受自己"黑暗"的一面。这可能会导致他们压抑他们认为更消极的情绪。愤怒是高敏感人群很难拥有或表达的一种情绪，因为他们认为愤怒是不友好的或有害的，特别是如果他们有强大的精神信仰的话。但是，正如俗话所说，"无论你抗拒什么，它都会坚持下去"，他们的否认或压抑通常只会导致情绪的积聚。情绪最终会以不恰当的方式出现，或者错误地指向某人，让高敏感人群在内疚和悔恨中挣扎。因此，高敏感人群学会如何以健康的方式表达自己的情绪，并找到安全合适的方法来释放任何被压抑的情绪是很重要的（这将在第 2 部分的第 9 章和第 12 章讨论）。

> **小贴士**：目前，表达愤怒的健康的方式是要么打枕头，要么对着枕头大喊大叫。当我推荐这样做的时候，我的来访者一开始常常觉得很傻，但他们很快就能获得好处。有些人喜欢去一个安静的地方，大声对自己咆哮，无论是在车里、安静的房间里，还是在其他任何让人觉得私密和合适的地方。

9. 照顾父母或其他家庭成员

与我共过事的高敏感人群常常觉得自己比同龄人更老成或更聪明，潜意识里他们会扮演父母的角色，要么试图改变他们的家庭成员，要么改变他们的意识水平。这尤其适用于那些父母不理解他们的敏感性的或情感较为封闭的高敏感人群。在潜意识层面，他们可能是在寻求弥补自己缺失的养育。

为了应对这一挑战，高敏感人群如果能意识到这不是他们的责任，并试着放下他们改变他人的需求，将是有益于他们的健康的。他们能做的是改变自己对其他家庭成员的反应方式。许多人发现，在他们能够做到这一点之前，让自己在一段时间内与家人保持距离，以便形成自己的模式，将是很有帮助的。通过放下这种改变他人的需要，高敏感人群积极地释放自己，并开始接受他们关于自己的所有不被接受的投射。

> **小贴士**：放弃改变他人的需要的最简单的方法是开始练习接受别人和接受自己。你可以从一些简单的肯定开始，每天重复，比如"我接受真实的自己，也接受真实的他人"。当然，在治疗师的帮助下走出创伤并释放对家庭成员的情感也是非常有帮助的，这也可以帮你释放更多的精力以照顾自己"内在的小孩"。

10. 没有成就感

根据我与高敏感人群的共事经验，许多人都有一种强烈的动力，觉得自己正在改变世界。因此，许多人认为，如果他们没有以这种方式感到满足，他们就从事着错误的职业。

因此，他们经常花很多时间寻找他们"应该"做的事情。然而，事实上，任何工作都能反映他们的某个方面或满足他们内心的某种需求。从我自己的角度来看，我生长在这样一个家庭：我的父母努力工作，但我们没有太多钱。我现在明白，我在银行工作的十年反映了我对财务安全的需要。从那以后，我所做的所有工作——一些我热爱的事——都帮助我走到了今天。如果你选择这样做，每一份工作都可以被看成迈向更有成就感的目标的基石。

> **小贴士：** 将你迄今为止做过的所有工作列一个清单。花些时间来反思你在做这些事情的过程中培养出来的技能和品质。不管你当时是否意识到，它们都满足了你内心的各种需求。然后问问你自己，你是如何基于此去服务他人或为他人的进步做出贡献的——今后可以继续基于此去做。

所以，作为高敏感人群的这十个挑战能引起你的共鸣吗？你有没有发现自己跟其中好几条都相关？或者只与少数几条相关？我猜你可能对某几条不太感兴趣，比如上述第8条？如果是这样，请对自己宽容些。总有一些挑战是我们宁愿避免的，但正如你将在下一章看到的，识别并应对这些挑战往往是我们在生活中做出改变的关键。虽然在一个普遍不敏感的社会里，高度敏感的生活方式肯定会带来挑战，但好消息是，很多挑战都可以通过增强自我意识、自我接受和自爱来征服，这也是我希望这本书能帮助你发展的东西。正如伟大的希腊哲学家苏格拉底所说，"认识你自己"——这确实是关键所在。

第 5 章
从割裂到真实

　　正如你在前一章看到的，高敏感人群所面临的挑战可能是非常难以战胜的，这包括一些人自童年以来就缺乏归属感。本章的主要目的是识别出作为高敏感人群，我们童年的某些特定方面对我们的影响到底有多深。这包括我们是否因为害怕别人对自己的看法而压抑了一些最积极的品质，或者我们是否为了让自己更容易被接受而在所爱的人面前扮演了特殊的角色，以及我们是否在虚假的人格或面具后面隐藏了我们认为软弱或不可接受的部分。意识到问题的存在是任何改变开始的第一步。一旦我们意识到我们任何消极的角色和行为，我们就可以开始改变它们，并重新与我们与生俱来的真实自我建立联系。

承认我们的阴暗面

"阴影"（shadow）的概念最初是由精神分析创始人西格蒙德·弗洛伊德提出的，它在一定程度上与我们性格中无意识和黑暗的方面有关。他称之为"本我"。瑞士精神病学家和分析心理学创始人卡尔·荣格将这一概念推向更深层次，认为"阴影"也包含了我们性格中的"原型人物"，比如英雄和反派。

重要的是要认识到人类都有光明面和阴暗面——这是我们二元性的一部分。如果我们不承认每个人的内心都有光明面和阴暗面——比如爱和恐惧，好和坏……那么我们就是阴影的囚徒，阴影会以无意识的方式表现出来。对于高敏感人群来说，随着时间的推移，我们的阴影经常会发展，它包含我们成长过程中被周围人拒绝、嘲笑、批评、贬低或拒绝的部分，无论是出于无知、误解、恐惧，抑或缺乏爱。当我们还是孩子的时候，我们往往会收到很多"不要"的信息，比如"别那么敏感""别那么爱哭""别那么情绪化/自私/贪婪/生气"等。所有这些负面信息都让我们相信，我们的这些部分在某种程度上是"坏的"。这导致我们把它们压抑在我们隐藏的"阴影"里。因此，意识到我们在孩童时期不经意间转移到自己阴暗面的东西，可能是个人自由的关键：这是治愈与真实自我脱节的重要的第一步，让我们重新接触到自己的许多内在品质。

不幸的是，很多人发现探索他们的阴暗面很有挑战性，而这通常是因为他们害怕自己可能看到的东西。很多高敏感人群尤其害怕审视自己的内心深处，因为他们有一个误解，认为"黑暗"与"坏"或"邪恶"有关。然而，阴影与"坏"或"邪恶"无关，我们只需学着认识和爱我们自己的所有部分——不管我们把它们归类为积极的还是消极的——并且找到一种健康的、创造性的方式来整合它们，使之成为一个整体。

童年的后遗症

当我们还是孩子的时候，我们所接收到的关于爱的信息往往构成了我们一生中所采取的某些行为的基础。不是所有的孩子都能得到无条件的爱。事实上，从咨询和心理的角度，很多孩子只体会过基于他们的行为表现的，而不是基于他们是谁的"有条件的"爱。因此，当我们还是孩子的时候，我们很容易就根据父母、老师、朋友或社会对我们的期望或希望我们成为什么样子而扮演特定的角色。而且，如果我们没有意识到它们，这些角色很可能会延续到成人生活中。在某种意义上，我们是在不同的人面前扮演不同角色的演员，而且这主要取决于我们认为他们每个人同意或反对什么，以便让我们感到更被接受、更安全，更被爱，或任何其他我们在当时最强烈地感受到的需求。

识别你可能已经承担的角色

家庭角色（family roles）的概念提出者是 20 世纪六七十年代美国著名的家庭治疗师弗吉尼亚·萨提亚（Virginia Satir）。在我的咨询训练中，我了解到无论是否有意识，高敏感人群和非高敏感人群在童年时期都可以扮演很多角色。下面的列表展示了我所见过的许多高敏感人群特别认同的角色：

- 好女孩/好男孩

- 小小成功者

- 小天使

- 小丑

- 小小独立先生/小姐

- 小小叛逆先生/小姐

下面是对每个角色的一些理解，包括我们可能会从每个角色中寻找什么以及为什么。无论你是否觉得自己在有意识地扮演这些角色，通读一遍看看你是否特别认同其中的任何一种。

好女孩/好男孩把可爱等同于好，所以当她/他长大后，他们会成为"好朋友"或"好伴侣"。问题是，没有人能一直都很"好"。因此，好女孩/好男孩会压抑任何被认为是他们"不好"的部分，而这反过来又成为他们的阴影的一部分。好女孩/好男孩总是在寻求认可，因为他们通常有一种潜在的恐惧，害怕自己不够好。

小小成功者无论是在家里还是在学校都异常努力，潜意识里以此来获得父母的赞赏和表扬。这通常是源于害怕没有爱，因而以这种方式让自己感觉有价值或被爱。结果，他们的自发性和无忧无虑的品质可能会进入他们的阴暗面。

小天使是家庭的帮手，他们不断地为别人付出，牺牲自己的需要来让别人快乐。随着他们长大，小天使经常发现自己处于一个"拯救者"的角色，不断地拯救或帮助别人，以至于常常让自己筋疲力尽。小天使拯救他人的无意识动机从根本上看是一种拯救他/她自己的召唤。

小丑通过娱乐他人或在大多数时候保持积极和快乐来掩盖自己的悲伤。当孩子认为他们的真实感受是不可接受的，尤其是当他们被家人或整个社会视为消极的，因此想要防止他们所爱的人消失的时候，这种掩饰就开始了。

小小独立先生/小姐不会让太多的人靠近他们。他们很独立，很坚强，行为也很成熟，但内心却害怕受到伤害，因为他们不容易信任别人。当他们长大后，过于独立会成为他们爱与被爱的绊脚石。

最后，**小小叛逆先生/小姐**常常让人感觉不可爱——他们为了反抗把爱推开，但在内心深处，他们的行为是对爱的呼唤。他们通常受过很深的伤害或十分恐惧，但通过制造戏剧性事件或以他人认为不可接受的方式来掩盖。

这里需要澄清的是，所有这些角色都是孩子性格的自然组成部分。举例来说，许多孩子天生好学，因此成就斐然，而不是为了寻求父母的爱或赞赏。许多孩子天生就具有喜剧性，因此不需要用幽默来掩饰他们的情感，等等。 对于那些你年轻时视为不足的部分，如果你不确定自己是自然地承担了这些角色还是有遮掩的成分，与治疗师一起做一些个人成长的工作，往往可以帮助你发现之前不知道的潜在的童年模式或问题。

我们所佩戴的常见面具

当一个人在生活中经历了很多情感上的痛苦或创伤时，他们的部分人格可能会作为一种安全机制而"分裂"。这在心理咨询中被称为解离（dissociation）。这样的人会觉得自己不是完整的，就好像缺少了什么一样。高敏感人群似乎比非高敏感人群更容易解离。这可能与他们所感受的情感强度和处理过程的深度有关。但其他因素可能也有影响，比如他们是否在一个无法获得情感共鸣、功能失调、有毒的或受虐待的家庭中长大。这种解离可能导致他们对过去的经历和他们自己形成消极的想法、感觉和信念，并可能导致所谓的"受伤的自我"（wounded ego）。

　　一个受伤的自我反过来会导致一个虚假的自我，以掩盖恐惧、羞耻和/或感觉无能为力或无价值。虚假的自我制造了隐藏真实自我的面具。这些面具可以出现在任何年龄段，但通常是在童年时期开始形成的，那时我们第一次意识到我们的哪些部分以及哪些行为是被周围的人认为可以接受和"可爱的"。它们有时是从我们童年时代扮演的角色自然发展而来的，尽管并非总是如此。例如，一个扮演小小成功者角色的高敏感孩子，为了继续获得关注或感到有价值，在他长大后可能会戴上高成就者的面具。他们可能会认为这是满足他们最基本需求的唯一途径（下一章将讨论人类的六种需求）。另一个例子是小天使，他们成年后可能戴着献身者的面具——这两者都与自我牺牲有关。我第一次接触到面具和虚假自我的概念是在我接受心理咨询训练期间，学习荣格和威尔海姆·赖希（Wilhelm Reich）的著作时。然而，美国心理自助作家、教练兼讲师黛比·福特（Debbie Ford）在她的书《好人为什么想做坏事》（*Why Good People Do Bad Things*）中清晰地描述了这些面具，帮助我更多地了解了它们，并开始真正识别出我自己的面具。根据我的经验，下面列出的是她所发现的面具中最能引起高敏感人群共鸣的：

- 取悦他人者

- 献身者

- 受害者

- 高成就者

- 恃强凌弱者或欺凌者

- 难相处者

- 轻佻者/诱惑者

- 超积极者

你能识别出这些面具中的任何一种吗？ 下面是对每种面具的识别，以帮助你更好地理解它们。这种认识可以帮助你开始疗愈的旅程，并且在你去除面具的自我旅程中，让你变得更加真实。

取悦他人者：这些人专注于帮助他人并满足他人的需求，因此会让别人很开心。他们自己的需求则被搁置一边。取悦他人者常用的短语是"让我来吧"或者"不，我当然不介意，我很乐意帮忙"。 他们是不断给予的人，通常会一直给予，直到没有什么可以继续给予的地步。他们也倾向于吸引生活中的"接受者"（比如非常需要关爱的人，或者非常自私、自恋或贪婪的人），因为在他们的面具下，他们会觉得自己是毫无价值或不称职的。他们自己未被承认的需求常常被他人的需求所掩盖。为了得到疗愈，取悦他人的高敏感人群必须首先学会照顾自己的需求，这样他们才能建立健康、平衡的人际关系，并出于"想要这么做"而给予，而不是潜意识里的"必须这么做"。

献身者：这类人往往忙于拯救他人而牺牲自己的需求，但他们通常会直言不讳地让每个人都知道他们有多忙。献身者常说的话是"如果不是我，这个地方会分崩离析"或者"我不知道没有我，他们会怎么办"。和取悦他人者的区别在于，献身者想让他人知道自己肩上的担子有多重。他们往往会十分关注自我，以至于别人听腻了他们的自我牺牲。正因如此，人们常常避免和他们待在一起。这让献身者感到受伤，认为别人对他们的善行没有感激之情。戴着献身者面具的高敏感人群可以通过认识和承认自己的价值来疗愈这种模式。

受害者(注意，这不是在描述犯罪或虐待事件的受害者，而是在讨论人们在意识或潜意识中选择戴的面具)：戴这种面具的人认为他们在任何事情和任何人面前都是无能为力的——他们认为发生在他们身上的事情是他们无法控制的。

他们是诸如恃强凌弱者或反社会者等"食肉动物"的终极猎物。他们通常把发生的每件事都向尽可能多的富有同情心的人重复叙述,这样他们就能得到他们认为自己需要的同情。他们实际上寻求的是被关注,但因为他们没有意识到这一点,他们往往陷入一种"可怜的我"的情结来满足这种需求,而这只会吸引更多消极的人或事。任何戴着受害者面具的高敏感个体都需要努力解决过去与丧失力量有关的问题,从而更能自我赋能,并且对他们能够控制的事情更加负责。

高成就者: 成功驱动型的高成就者通常是工作狂或完美主义者,他们的全部注意力都集中在达到事业巅峰上。他们外在的成功可以掩盖他们的无价值感,而且,在无意识中,他们希望这些外在的成就能让他们的内心感到更加充实和安全。为了得到疗愈,他们必须承认他们本质上是什么人比他们所取得的成就更加重要。

恃强凌弱者或欺凌者: 这类人利用控制、权力、威胁或恐吓来得到他们想要的东西。他们寻找那些他们认为比自己弱的人,并把那些人感觉到的恐惧作为他们的武器,用攻击来控制和支配对方。然而,在欺凌者的面具下,是一个内心深处充满自己不够好的感觉的软弱、没有安全感和懦弱的人。高敏感人群一般不戴这个面具。在我的临床经验中，只有一小部分人有过这样的经历，这些人都是高敏感的囚犯，他们在过去曾遭受过严重的虐待或精神创伤。戴这个面具是出于一种应对策略，或者是为了防止这种事情再次发生在他们身上。为了得到疗愈，欺凌者需要接纳自己的恐惧和脆弱，并承认他们实际上感到无能为力。

难相处者： 这个面具带着一种冷酷的表象，明确告诉你不要靠近他们。与恃强凌弱者不同的是，他们不主动利用别人的弱点，但如果他们感到受了威胁，他们会发起攻击。他们封闭自己的情感，像戴着厚厚的硬壳，而且不在乎规则。面具下通常是一个悲伤的、无力的或敏感的孩子，他们可能在生命早期体会过羞耻的感觉，所以戴上面具阻止任何人打破他们坚强的外表。为了得到疗愈，他们必须承认自己受到的伤害，通过接纳他人、建立信任，敞开心扉去爱和与人亲近。

轻佻者/诱惑者： 这个面具属于这样一类人，他们把目光集中在一个他们认为比自己更强大的人身上，然后利用自己的魅力成为那个人关注的对象，用爱或性来掩饰他们对权力的需求。作为诱惑的一部分，对方会得到大量的关注，这样对方也得到了他们想要的，而这通常是性（戴这个面具的人把这等同于爱）。在自信的外表下，这种充满掠夺感的能量往往隐藏着空虚、无力、不够好和不可爱的感觉。为了得到疗愈，诱惑者需要发展自爱，建立自尊。

超积极者：即使在最不合适的场合或者一切都分崩离析的时候，这类人也总能找到一些积极的话来说。他们不允许自己表达任何负面情绪，也不允许自己表达出生活中有任何不完美的暗示。他们害怕如果自己这样做会感到抑郁，因此往往勉强自己用微笑来掩饰真实感情。一直和一个超级积极的人在一起是很困难的，因为这会让人感到虚假或不真实，而且否认任何负面情绪都是不健康的。在他们的面具之下，有一种悲伤、自我拒绝、不能接受和喜爱真实的自己的感觉。为了得到疗愈，超积极者必须允许和接受他们所有的感觉，并发现他们真实的自我。

在我私人执业的过程中，我看到不少高敏感人群戴着高成就者的面具，并拥有很强的自力更生的习惯。但大多数高敏感人群都戴着比较温和的面具，比如取悦他人者——它们可以进一步被细分为"看护者"、"救助者"和"无尽的给予者"。受害者面具也是高敏感人群经常佩戴的，主要是因为他们倾向于回避对抗、愤怒以及遭受欺凌的经历。

如果你是高敏感人群，看看你是否能开始注意到自己在什么时候、和谁在一起时会戴哪种面具。如果你努力确认了任何自己所戴的面具，并且感到自己很勇敢，你甚至可能想从支持自己的朋友和家人那儿获得一些反馈。或者，你也可以考虑和咨询师一起做一些个人成长的测试。

从我们的面具中学习

我在二三十岁时习惯佩戴的两个最舒服的面具是"孤独的战士"和"女超人"——这两个面具是我自己命名的，属于高成就者和取悦他人者的面具的子类别。它们都是高度独立的面具，展现出一种从不需要任何帮助、从不让任何人进入的形象。但是在 24 岁的时候，我被诊断出患有慢性疲劳症，我的"女超人"面具被撕了下来。这让我放慢脚步，开始专注于自己的需求。当时我在一家银行做全职工作，周末会去做服务生，还是一个漂亮的一岁男孩的妈妈。那时我也是一个多产的"照顾者"，并处在一段并不幸福的婚姻中。当我开始更好地照顾自己，并把婚姻和取悦他人的模式抛诸脑后，我才开始从我的慢性疲劳中恢复过来。

我的面具是一种无意识的掩盖脆弱、不让任何人伤害我的方式。问题在于，我们以为自己在掩盖的东西，往往会被具有更深层次的意识的人发现。我开始明白，在监狱工作反映了我当时与外界脱节的部分原因。在我更年轻的时候对自己过于敏感的内化的批评寻求了一种极端的强化方式，让我内心对安全的渴望在最不可能的地方寻求庇护：一座戒备森严的监狱！通过咨询训练，我开始探索我内心脆弱的部分是如何通过监狱官的形式寻求强有力的男性保护力量。我们的工作和我们发现自己所处的其他状况，常常无意识地反映出我们内心需要被治愈的东西。

我离婚后戴了很多年的"孤独的战士"面具，也是我在和犯人一起工作时，一次又一次目睹的东西。对自己的面具和对面具下隐藏着什么的了解，也让我看到了别人面具背后的世界，让我知道如何更好地帮助他们。

把自己从面具中解放出来

如果你想更深入地挖掘并了解更多关于认识你的阴暗面和/或去除你可能戴着的面具的知识，我推荐已故的黛比·福特的书。黛比·福特是研究和整合人类阴影和个人转变的主要专家之一。

此外，我也想和你们分享一首诗的部分章节，这也是我们过去对药物滥用部门的囚犯开展工作时用的，希望这首诗也能帮助到你。对我而言，这首诗不仅与实际的监狱高墙有关，而且还能让那些建立了自己内心的高墙作为情感防御的高敏感人群产生深刻的共鸣。

请听一听我未曾说的

我给你的印象是很有安全感，

所有的一切都温暖而平静，

从内而外，

……

一想到自己的弱点暴露出来，我就惊慌失措。

所以我疯狂地做了一个面具来隐藏，

冷漠而世故的外表，

帮我假装，

保护我不受那明察秋毫的一瞥。

但这一瞥正是我的救赎，我唯一的希望，

我知道。

我是说，如果紧随其后的是接受，

如果紧随其后的是喜爱。

这是唯一能让我从自己这里解放的东西，

从我自己建造的监狱高墙里，

从我苦心建立的障碍中。

……

每一次你都是善良的，温柔的，鼓舞人心的，

每一次你都试着去理解，因为你真的很在乎，

我的心开始长出翅膀——

非常细小的翅膀，非常柔弱的翅膀，

但那是翅膀啊！

……

我与我所呼喊的东西抗争，

但有人告诉我，爱比高墙更坚固

这就是我的希望所在。

请把那些墙拆掉，

用坚定而温柔的双手，

因为孩子是非常敏感的。

你可能会想，我是谁？

我是一个你很熟悉的人。

因为我是你遇到的每一个男人，

我也是你遇到的每一个女人。

查尔斯·芬（Charles Finn）[⊖]

拆除心墙、摘掉面具并不容易。而在监狱里要做到这一点就更难了，因为一旦暴露出任何弱点，就会被抓住。但一次又一次，当信任建立起来的时候，我看到最强硬的囚犯卸下心防而哭泣，即使只是一周一个小时的会面，也要揭露面具下隐藏的东西。我会在咨询结束的时候观察他们的面具是否有任何变化，而他们会问我如果他们刚刚哭过，是否有人能看出来。让一个人看到他们面具背后、行为举止背后的东西，可以唤起巨大的变化。我看到了善良和同情带给那些正在经历黑暗的人不同寻常的光明和希望。

重要的是，我们对作为高敏感人群的自己的挑战要像对他人的挑战一样充满善意和同情。学会放下我们不必要的角色和面具，很大程度上是为了更好地理解隐藏在这些角色和面具背后的基本需求。因此，下一章将探讨人类的六种基本需求，这样我们就能学会如何以一种尽可能健康的方式满足这些需求，而不用浪费精力去假扮某些角色。

⊖ 这首诗的完整版可以在查尔斯的网站上找到：www. poetrybycharlescfinn. com.

第 6 章

人类的六种需求

　　人类需求的基本模型是由美国心理学家亚伯拉罕·马斯洛首先提出的。它被称为"需求层次"理论，至今仍是现代心理学和心理咨询的一个著名的和主要的部分。该模型认为，人们在自我实现（即实现我们真正的潜力）之前，某些基本需求必须得到满足。基于这个模型，广受欢迎但也备受争议的美国生活教练托尼·罗宾斯（Tony Robbins）确定了"人类的六大核心需求"，这些需求可以帮助我们认识到是什么驱动着我们的行为，并理解人们是如何积极或消极地满足他们的需求的。正如我们曾讨论过的，很多人有心理学上所谓的受伤的自我，并创造了一个虚假的角色。这是因为他们的基本需求没有得到满足，所以潜意识中会寻求以其他方式满足自己。

人类的六大核心需求可以分为两类。前四种需求被归类为人格需求：

- 确定性
- 多样性
- 重要性
- 爱与联结

剩下的两种是精神需求，它们是：

- 成长
- 奉献

虽然我们都有这些需求，但特定需求的重要性不同，而这主要取决于我们的成长背景、周围环境和生命阶段。例如，拥有物质和财富安全的人可能没有对确定性的需求，因为他们在这方面的大多数基本需求已经得到满足。然而，无家可归或失业的人会优先考虑这一需求。让我们来看看每一个需求的细节。

确定性：这是对安全感和掌控感的需要。这是我们最基本的需求之一，也是一种生存机制。马斯洛认为这与我们的基本生理需求有关，比如食物和住所。我们需要确定性来避免生活中的压力或痛苦，同时帮助我们创造快乐。我们通常通过挣钱、工作和让自己有地方住来满足这种需求。然而，如果生活中所有的事情都是确定的，我们也会感到无聊，所以我们也需要多样性。

多样性：这使我们能够感受惊喜和挑战，并通过面对未知来创造改变，从而感到更有活力，而不仅仅是存在着。我们可以通过很多方式来满足这一需求，比如冒险、爱好、多样的社交圈和旅行。

重要性：我们也需要重要性——我们每个人都想感觉自己是特别的、重要的或被需要的，这有助于给我们的生活带来意义。大多数人倾向于通过他们的人际关系、为人父母或职业生涯感到自己很重要。

爱与联结：这一需求是我们所有人都在寻找的，也是我们最需要的。它满足了我们对亲密、依恋和认同的需求。我们本质上是社会性的动物，所以我们的爱与联结需求是通过关系、友谊或与动物（我们的宠物）的关系来得到满足的。

正如你从上面看到的，我们每个人都在寻找方法来满足我们日常生活中的人格需求——通过我们的关系、职业、金钱和人生选择。但当涉及我们的精神需求时，情况就不同了。如果我们没有满足这些需求，就不可能真正感到满足。这可以解释为什么我们有时会看到似乎拥有一切的人——他们所有的人格需求都得到了满足——但他们仍然可能感到内心空虚，或者觉得自己没有更深层的目标。这就是马斯洛所说的自我实现部分，需要通过满足我们成长和奉献的精神需求来实现。

成长：在精神和个人层面上，我们需要通过自我成长来学习、发展和进化，从而我们可以给予他人更多的价值。这可以是我们自己所感知到的价值，也可以是他人所感知到的价值。

奉献：最后，我们希望有能力给予他人，为他人服务，实现人生的意义。我们通过把快乐地为他人服务作为我们目标的一部分，以及付出而不需要回报来实现这一目的。

高敏感人群如何满足这些需求

在我们探讨高敏感人群满足需求的方式之前，我想以囚犯为例，来说明有些人可能会以非常不健康的方式满足自己的人格需求。当囚犯开始服刑时，他或她的基本**确定性**需求将得到满足。他们能保证一日三餐，而且有个栖身之所。但监狱里有严格的制度，所以如果他们的驱动力之一是多样性，就会很挣扎。想到要日复一日地做同样的事，并且持续很长一段时间，就会感到无聊和沮丧。因此，为了满足他们多样化的需求，一个囚犯很可能会通过制造麻烦甚至骚乱让自己搬到另一间囚室，甚至另一座监狱，去结识新朋友。他们的**联结**需求通常能得到满足，因为他们身边都是犯过罪的有相似想法的人，而他们对**爱**的需求通常来自于家人持续的探望或电话。他们的**重要性**需求可以通过吹嘘他们的罪行，或者通过走私毒品到监狱并把它们提供给绝望的瘾君子来满足。一般来说，囚犯刚入狱时更注重满足他们的人格需求，而不是精神需求。

然而，对许多囚犯来说，参加行为治疗、十二步治疗（twelve-step programmes）或接受心理咨询可以帮助他们发展出更健康的方法来满足他们的个性需要，并用更积极的方式得到**成长**和对社会做出**奉献**。因而这些类型的干预也可以帮助他们满足精神需求。

　　那么，相比之下，高敏感人群如何才能满足他们的需求呢？ 他们当然也可以有健康或不健康的方式。假如高敏感人群戴着取悦他人的面具，他们就可能使用不健康的方式满足自己的需求。通过让每个人都开心，优先满足别人的需求，高敏感人群无意识中让自己未被满足的人格需求得到了满足。因为他们会做别人需要他们做的任何事情，他们**确信**自己会被喜欢，而这也给了他们一种**爱与联结**感。他们也会觉得自己很**重要**，因为他们觉得每个人都需要他们的帮助，而且因为他们忙着到处为每个人奔走，他们的**多样性**需求也得到了满足。以这种方式取悦他人的缺点是，当高敏感的人不断地给予，最终要么导致失望，要么导致筋疲力尽，尤其是当他们需要得到帮助作为回报却得不到帮助时。高敏感人群应该认识到，他们的很多关系是单方面投入的，当他们无法继续"取悦他人"并满足他们的需求时，被他们帮助的人可能会做出糟糕的反应。

　　工作狂是高敏感人群确保自己的需求得到满足的另外一种不健康的方式。得到金钱、与同事一起工作以及成功的感觉可能满足了对确定性、多样性、重要性和联结的需求，但这可能无法满足爱的需要。此外，他们可能没有从事自己最热爱的工作，这可能会让他们内心感到空虚或不满足，因而无法满足成长或奉献的需要。

好消息是，有一些健康的方法可以满足这些需求。例如，取悦他人型的高敏感人群可以通过参加一些志愿工作或照顾动物来满足这一需求。这可以让他们感到更有价值，更被欣赏，甚至更被爱，从而帮助他们摆脱单方面投入的友谊，给自己更多时间，以及找到恰到好处的友谊或爱情。

对于高敏感人群来说，反思一下四种人格需求中哪两种需求最能驱动他们的行为是很有用的。例如，在一个情感需求无法得到满足的家庭中长大的高敏感的人，可能会把爱与联结和确定性看作他的两个最重要的驱动需求，而一个性格外向、成长过程更加安全的高敏感的人可能会把多样性和重要性看作是他的驱动需求。然而，重要的是要记住，每种需求对不同的人有不同的含义，所以一定要问问自己，你认为你的关键需求对你来说真正意味着什么。例如，对确定性的需求可能对一个人来说意味着经济安全，但对另一个人来说则意味着亲密关系中的情感安全。

在生活的不同阶段，驱动我们的需求可能会有很大的不同。例如，到了退休年龄的人可能不再那么关注自己职业生涯的重要性需求，而是更关注多样性需求（比如旅行）或爱

与联结需求（比如花更多时间与家人在一起）。而一个刚刚
开始职业生涯的年轻人可能更注重重要性需求（比如在工作
中获得认可）和确定性需求（比如获得稳定的收入），尤其
是如果他们想要离开父母家自己买房的话。

精神需求也是很多高敏感人群强有力的驱动力。对成长
的追求可以疗愈高敏感人群过去的很多创伤，并带他们踏上
寻求完整的内在旅程（参见第 8 章）。他们想要改变世界的
倾向使得他们的奉献需求显得尤为重要。在本书的第 3 部
分，很多高敏感人群所体验的精神需求将会被更详细地加以
讨论。这也可以帮助高敏感人群注意到驱动周围其他人的需
求，这样他们就能像理解自己的世界那样更好地理解他人的
世界。

另一件值得注意的事情是，作为高敏感人群，我们未被
满足的需求是怎么影响被我们吸引到生活中的人和事的，这
包括我们如何选择我们的关系，以及在这些关系中有怎样的
行为。接下来让我们探讨这个问题。

第7章
我们在生活中"吸引"了什么

我们都是与自己的频率共振的生物。我们的振动能量吸引着任何具有相同振动频率的物体——这一概念通常被称为吸引力法则（Law of Attraction）。简而言之，这意味着"同类相吸"。我们的思想就像一块磁铁——它们发出振动频率，并吸引频率相同的物体来到我们身边。所以，举个例子，如果你爱自己、尊重自己、珍惜自己，并且认为自己值得拥有一段充满爱的关系，你就很可能会吸引同样的人。吸引力法则通过始终把你的思想集中在你最想要的东西上发挥作用。然而，很多时候，我们甚至都没有意识到，我们倾向于专注在我们不想要的（消极的），而不是我们想要的（积

极的）事物上面。这就是为什么我们经常会得到很多我们不
想要的东西！

吸引力法则的镜映（mirror）作用

很重要的一点是，我们要知道，当涉及我们的想法和信
仰时，吸引力法则是很公平的。它不会分析和选择哪些对我
们是积极的，哪些是消极的。它只对最强烈的感觉或共振做
出反应。换句话说，你吸引的不是你想要的什么，而是你或
者你的感觉本身是什么样的。然而，吸引我们的不仅仅是我
们有意识的想法和感受，还有我们潜意识或无意识的想法和
感受。这也可以被称为"镜映"，即我们生活中反复出现的
模式或结果，它反映了我们内心深处正在发生的事情。简而
言之，这意味着如果我们潜意识里认为自己不可爱，我们更
有可能吸引一个并不完全爱我们的伴侣（因为这反映出我们
内心缺乏爱）。

这种"镜映"过程可以出现在我们生活的任何方面，无
论是在恋爱关系、友谊、健康、事业上，还是金钱上。比如
说，我们想要在经济上有保障，或者变得富有，但是在内心

深处，我们有一种贫穷的心态或者觉得自己没有价值。在这种情况下，我们不太可能将金钱吸引到身边，因为我们与它无法形成共鸣。这是因为与无价值相关的频率是匮乏感，而与富有相关的频率是充盈感。

识别我们关系中的"镜映"

"镜映"可能意味着我们吸引了和过去一样的人或关系模式。由于我们的父母和其他照顾者塑造了我们早年对爱的体验，我们很容易在潜意识中吸引到与他们相同的关系模式。例如，如果一个人是由一个情感上或身体上的需求无法得到满足的父母抚养长大的，那么当他长大后，往往会吸引到那些无法满足他们这些需要的伴侣。或者，如统计数据显示，如果一个孩子在一个受虐待的家庭中长大，他很有可能会在以后的生活中陷入一段受虐待的关系。就好像他们受伤的"内在小孩"在那个年纪还停留在原来的情感振动频率上，寻求他们没有从父母那里得到的东西。因此，在潜意识层面，吸引力法则的"镜映"反映了我们内心未治愈或未解决的部分。

高敏感人群最常见的"镜映"

在第 4 章中，我们探讨了一系列挑战，这些挑战可能对高敏感人群的关系模式产生特别强烈的影响。其中一个挑战是，许多高敏感人群在照顾父母或其他家庭成员的过程中长大。从吸引力法则的角度来看，这意味着他们经常能吸引到那些让他们仍旧扮演照顾者角色的亲密伴侣。同样的，那些在家庭中从来没有归属感的高敏感人群，最终和伴侣在一起时，会感觉自己的关系又出现了问题。在童年时期经历过困难的高敏感人群，比如被欺凌的人，会吸引强势的伴侣或朋友，除非他们选择面对过去的痛苦并治愈它们。在童年时期经历过单方面关系（举个例子，这可能是因为他们是天生的给予者）等困境的高敏感人群，成年后也可能经历单方面的友谊和伙伴关系。这是因为，如果他们只有给予的能力，而没有接受的能力（接受是给予的反面），这将通过在他们的生活中只吸引索取者来反映，比如只吸引自恋的或自私的人。

怎样避免消极的"镜映"

对于高敏感人群来说，在两极之间找到平衡，比如给予和接受、无私和自私，将有助于他们振动频率的改变，而这又将允许他们开始吸引那些拥有这种积极平衡的人进入他们的生活。以下是我从工作经历中发现的高敏感人群在生活领域中特别挣扎的例子——以及如何找到更多平衡的指导。

- 在付出太多和不允许自己得到之间取得平衡——关键是学会看到自我价值。

- 在无私和自私之间保持平衡——这两者之间有一个健康的过渡，即基于自爱（见第 10 章第 5 步）。

- 在相互依赖和完全独立之间保持平衡——关键是努力创造健康的依赖。

- 在没有界限和控制欲太强之间保持平衡——关键是运用洞察力创造更健康的界限（见第 10 章第 7 步）。

- 在顺从和反抗之间取得平衡——关键是要学会如何坚定地相信自己的感觉（见第 10 章第 6 步）。

- 在有权势的人面前感到无力——关键是自我赋能（empowerment）（见第 10 章第 7 步）。

我们的阴影和面具是如何镜映的

镜映在我们生活中的另一种表现形式是向我们呈现某些曾经被我们否认并无意中被推入阴影的部分（见第 5 章）。例如，很多高敏感人群为了不惹恼他人而压抑自己的愤怒，最终可能会将非常愤怒的人吸引到身边。又比如，如果高敏感人群持续呈现虚假的人格，他们就会在振动水平上发出混合频率，从而吸引那些从吸引力法则的角度反映出这种不协调的人。为了避免落入这些陷阱，并开始吸引我们都想要的积极关系，重要的是花点时间审视自己，着手处理过去的伤痛，把阳光照入我们不为人知的阴暗面，然后把我们戴的面具摘掉。

吸引力法则的一个类比

在这一章的最后，如果你想要改变生活中吸引你的东西，用一首在你脑海中反复播放的歌曲来类比你的想法也是很有用的。在任何时候，你都可以选择是继续播放同一首歌，还是换一首。如果你选择换一首，这反过来也能改变你的感觉和你的振动频率，使你能吸引一些更令人振奋、更有力量的东西进入你的生活。如果你能用爱、宽恕、同情和接纳来改变你脑海中循环播放的歌曲（你的想法），而不是用任何表现挫折、怨恨、有缺陷或不够好的感觉的曲目（你的想法），很快，你就能吸引那些具有这些积极品质的人进入你的生活，而他们会以你应得的尊重和价值感来对待你。

第 8 章
高敏感人群的完整之路

本章的目的是提供一个关于很多高敏感人群可能需要经历的旅程的有用总结，以帮助他们再次找到和接受自己真实的自我。这是一个路线图，可以帮助你理解这个旅程的不同阶段，并帮助你评估你或你爱的人在这个过程中已经到达了哪里。对于那些在童年时期有特殊困难或经历过创伤的高敏感人群，我建议你寻求专业医疗人士的支持，比如咨询师或EMDR（眼动脱敏和再建治疗）治疗师，尤其是在治疗的早期阶段。这样你就能以一种安全的、获得支持的方式处理和释放任何未被疗愈的情绪了。

　　我曾帮助许多高敏感人群踏上这段疗愈之旅，所以，让我们看看这个过程是什么样的。根据我的治疗经验，它通常分为四个阶段。

第1阶段：面对内心的空虚

　　高敏感人群常常害怕面对内心的空虚，内心深处有被抛弃、被拒绝、孤独、被孤立、失落或感到不一样的感觉。他们专注于外在的能量，而忽略内在的空虚。自性（self）或自我（ego）可能集中于积累外部认可的形式，如金钱、物质、人际关系、事业、成功或权力，以掩盖内在的空虚。但它还在那里以吹毛求疵的方式提醒你它的存在。恢复真实自我的唯一方法是向内看而不是向外看，并对内在的东西有所觉察。通过意识到什么在"黑暗"或"阴影"中，你就用光照亮了黑暗，并使之消融。这当然需要时间：你不可能只打开一扇门让光照进来，就能一下子看到房里的各个角落；这需要一个过程细细考量。你真正需要做的是愿意环顾四周，用光照亮每一个角落和缝隙，能够意识到你自己的恐惧，以及这些恐惧控制你和你的生活方式。

当你能做到这一点时，你会发现过去用来掩盖空虚的东西消失了。例如，你可能会发现你不再和某些人有相同的兴趣或共同点。这种放下或释怀的过程会带来内心的冲突。这是因为对高敏感人群来说，忠诚是人际关系中的一个重要因素，即使这些友谊/关系在心理上或情感上是不健康的，他们也很难放手。即使他们意识到这些关系并不能为他们带来多少好处，一想到失去它们，他们内心深处就会涌起被抛弃和孤独的感觉，而这会让他们感觉比以前更糟。这一阶段对许多高敏感人群来说非常困难，他们可能会回归到旧的应对策略或关系模式之中，因为他们虽然摆脱了旧的模式，但还不能用崭新的、真实的自我处世，这感觉就像进入无人之境，非常孤独和寂寞。

第 2 阶段：理解和疗愈

孩子们越是被告知他们应该去感受什么、思考什么或做什么（对于高敏感人群来说，通常是"不去感受、不去思考或不去做什么"），他们的真实感受和真实自我就会隐藏得越深。通常情况下，受伤的"内在小孩"会将所有这些无法表达的情感保留到成年。当我们遇到困难、转变或者仅仅是我们无法再对事情保持掌控的时候，我们内心的这一部分就会叩响心门。像一个久违的朋友一样，受伤的"内在小孩"正等待着被倾听、被承认、被欢迎。然而，许多人选择假装没听到敲门声，而不是去看看谁在心门后面。有些人通过喝酒或吸毒来掩盖它，另一些人则发展出进食障碍来抑制不受欢迎的访客敲响他们的心门，引起他们的注意。如果我们不害怕它，就能更早地意识到这种持续不断的敲击声往往是找到内心平静和完整的关键。

因此，高敏感人群回归完整之旅的第二阶段的关键是，愿意倾听和理解自己内心的痛苦（和受伤的"内在小孩"），但不要陷入其中（同样的，如果你过去有过创伤和受虐的经历，我建议高敏感人群在这个阶段寻求受过训练的专业咨询师的支持）。允许自己被倾听、被了解、被承认、被支持、被安慰、被同情、被共情、被理解、被爱能让人类心灵获得最有力量的体验。通过与你的真实感受保持接触，这段从囚禁到解放、从情感束缚到情感自由的旅程就可以开始了。这就是"内在小孩"真正要求你做的——承认并理解它的真实感受，然后成为它的养育父母。

　　我听过很多高敏感的父母谈论他们对孩子的爱，谈论他们如何照顾好他们、如何满足他们的需要，但是他们却无法像对待孩子那样照顾好自己的"内在小孩"。我经常问他们，如果他们自己的孩子突然变得害怕和恐惧，他们会忽视、批评、评判或斥责他们吗？ 他们会很自然地回应说："当然不会，我会让他们放心，爱他们，或者给他们一个拥抱！"我告诉他们，他们的"内在小孩"也在寻求同样的回应。于是他们就开始知道该如何治愈自己的伤口了。你的"内在小孩"需要你给予他所需和应得的爱、接纳和照顾。外在的肯定永远不会完全疗愈"内在小孩"，尤其当你觉得自己不可爱、不值得被爱的时候。在疗愈之旅的这个阶段，记住以下几点是很有帮助的：你不是你的情感，你不是你的信仰，你不是你过去的故事。你要丰富得多！ 你小时候扮演的角色只是角色，你不需要继续演下去。你当时学到的帮助你生存的应对策略发挥了作用，但现在你是成年人了，当初那些角色需要得到重新审视和更新，这样你才能更有效、更真实地以高敏感人群的身份生活下去。

第 3 阶段：用爱取代恐惧

现在，你已经承认了内心的痛苦，并开始了疗愈的旅程。你愿意面对任何隐藏在阴影中的痛苦记忆和感觉，也不再害怕去打开内心的空洞，看看那里存放着什么。就你的共振能量而言，你正从自我恐惧和分离的能量，转到基于心灵的自我接纳、爱、同情、宽恕、平衡和整合的能量。在这个阶段，我们开始相信（或再次学会相信），应跟随生活之流，而不是试图控制一切。我们的心灵不会判断经历是好是坏、是对是错，只有我们的大脑才会这样做。我们的心灵能感觉到，它接受爱、给予爱，它从自我的精神中给我们指导和智慧（更多关于这方面的信息请参见第 3 部分）。

然而，对于许多高敏感人群来说，自爱可能带来特殊的挣扎，因为与那些没有这种特征的人相比，高敏感人群会感觉自己不一样、不够好或不够强（参见第 10 章）。因此，对部分高敏感人群来说，这一阶段的疗愈过程可能需要更长的时间。我们可以做很多事情来帮助我们渡过这一阶段。一种方法是通过 EFT（情绪释放技术）（见第 12 章）来释放与恐惧有关的想法。也可以进行正念和冥想练习。

第 4 阶段：随心而活

当你开始发自内心地生活，相信自己的内心感受，倾听内心的低语——并按照内心告诉你的去做——你就会开始体验到一种更深层次的平静，更多地感受信任而更少感到担心。你会发现你不需要过度分析每件事。这样你就能融入生活之流，而不是与之抗争。这将为你打开机会之门，在每一个层次上保持同步性和丰富性，而你所要做的就是"允许"自己接受这一切。在这个阶段，你可能会自然打开自己的灵性。这并不一定意味着信仰上帝或天使之类的灵性存在。它可以只意味着与所有生命形成更深的联结——一种与所有事物的合一感。比如，处于这个阶段的人会特别欣赏大自然的美丽和疗愈力量，所以他们会尽可能多地待在户外，无论是树林里、海边还是其他能让人平静的地方，都能让他们感到满足。每天练习冥想或祈祷，深入宇宙能量的源头，也可以帮助人们保持强大的心灵联结。

这一旅程也可以满足人们帮助他人或回馈他人（"奉

献"）的需要，所以如果你感到需要帮助你的邻居、为慈善事业捐款、为当地组织做志愿者或任何其他的事情，那就追随这种愿望去做吧。为人真诚、做真实的自己，是你生活的真正意义所在。我热切地希望所有的高敏感人群都能学会拥抱并真实地体现与生俱来的敏感，无论是在自己内心还是在这个世界中。你的目标是过上一种让你感到快乐、幸福、充满激情和满足的生活。

本书的下一部分提供了一些实用的自我帮助策略，通过更有效地应对高敏感人群特征的某些方面来帮助你实现这一点。

第 2 部分

自我帮助策略

　　本书的这一部分介绍了一些经过实践检验的策略，你可以将这些策略融入日常生活中，以帮助你克服高敏感人群最常见的挑战。本部分开始的章节旨在帮助你从情绪上做好准备，以应对其中的一些挑战——这是疗愈旅程中至关重要的第一步——然后继续介绍一系列技巧，这些技巧是包括我在内的很多高敏感人群认为在管理他们的性格方面非常有价值的。

　　你会得到关于如何在你的日常生活中开发更多自爱和自我照顾模式的建议，知道如何更好地应对大脑过度兴奋的洞察，学习帮助释放阻塞能量的"轻敲"技术（也被称为情绪释放技术，简称EFT），发现可以防止能量被他人过度消耗的能量保护技术，以及同样重要的，深入了解悲伤的典型阶段以更好地理解和处理随之而来的丧失。我真诚地希望你能在所有这些建议中找到既吸引你又对你有用的策略，让你不仅开始对自己的高敏感性感到更舒服，还能因此而发展得更好。

第9章

整理我们的情绪垃圾

重要的是，高敏感人群要承认任何多年来积累并持续存在的情感痛苦在某些层面上被禁锢，因此无法影响他们真实、敏感的自我。在我们疗愈受伤的自己之前，可能会陷入这种"情绪垃圾"的泥淖，这其中有一些是我们自己的，另一些则是吸收他人的情感而形成的。

从治疗的角度来说，认识到我们所说的感觉和情绪有区别是很有用的。感觉可以被看作是平静的、发自内心的低语，它散发着智慧，由大脑有意识地处理，不会引起身体的任何反应。因此，如果我们能学会与之协调一致，它们就是有用的向导。另一方面，情绪在我们的大脑中是有固定区域的，在我们的身体中是能感觉得到的。它们可以引起身体反应，如心率加快和出汗。

我们并不总是理解自己的情绪。因此，它们可以把我们从我们的核心自我拉走，特别是遇到困难的时候。把情绪看作是运动中的能量（e-motion）是有帮助的。像水一样，它们是流动的。有时它们流动得很平稳，尤其是当生活中一切顺利的时候，但有时它们像激流一样汹涌澎湃，能翻起水面下的一切。在生活中经历各种各样的情绪是很自然的。但是高敏感人群往往会觉得自己被情绪主导了。例如，他们会觉得自己的情绪被冻结了，或者由于情绪处理深度和情绪强度（这是他们性格特征的一部分）的结合而感到不堪重负。

处理情绪

你可能会发现，为了了解如何更有效地处理情绪，将我们的情绪之旅与水的安全处理过程进行比较是很有用的。

水处理厂收集雨水并储存在水库中。筛选过程的第一步包括将收集到的树枝或树叶移除，以免堵塞系统。第二步是去除看不见的颗粒，水在储存之前先要通过一个粗沙罐，然后通过一个细沙层。最后，它通过管道和泵站进行泵送，以便继续使用。

那么，这怎么与我们的情绪之旅进行类比呢？ 随着我们的成长，不同的经历使我们收集了不同的情绪。正如你所看到的，如果我们属于高敏感人群，则会比非高敏感人群更容易受到这些经历的影响。在我们的内部筛选过程中，我们应该能够首先识别并捕捉那些明显可能堵塞我们情绪水库的垃圾。例如，"那是他的愤怒，而不是我的，所以我要发现这一点，并消除它对我的影响"。

如果一切都处于平衡状态，我们的情绪应该通过一个两层的内部过滤系统：自我过滤器（就像粗沙）和心灵过滤器（就像细沙）。

自我过滤器是基于人格的——它根据我们过去的经历、信仰、伤害、创伤和痛苦对我们的情绪进行分类。而心灵过滤器连接着我们更聪明、更高层或更直觉的部分，帮助我们真正触及情绪问题的本质，找到解决方案，并从源头上解决它们。

当我们因为过去的伤害而不知不觉地关闭了第二个过滤

器（心灵过滤器）时，问题就开始出现了，因为所有本该在这个阶段被处理掉的无形微粒都开始累积、生长和溃烂，直到我们的整个情绪系统都受到影响。我们最终会在我们的系统中留下情绪垃圾或"污物"，虽然肉眼看不见，却停滞不前，造成阻塞，或让我们感到不适。你可能会觉得生活不那么顺畅，感觉"停滞不前"，或者感觉事物发生故障或分崩离析。

自我很可能会尝试许多方法来摆脱这种感觉。比如将其倾诉给任何愿意倾听的人，指责他人或试图掩盖它，通过忽视其存在希望它自行消失。然而，我们最好能够返回问题的根源，检查双重过滤系统是否在第一时间起了作用。

如果不是，请采取积极的行动，比如练习"轻敲"技术疏通阻塞的能量，或采用在后面的章节中提及的其他高度实用的自助建议。这些策略都可以让心灵过滤器再次运转良好，使我们清澈的水流（我们的感觉和情绪）再次自由流动，使我们感觉更轻盈、更自由。

然而，采取行动并不总是容易的，因为它需要勇气来面对已经存在的情绪痛苦。如果垃圾或污水累积到溢出的程度，就会导致暂时的有毒环境。这可以表现在任何事情上，如疾病、崩溃、上瘾、自残。对于大多数高敏感人群来说，像这样的极端情况可能成为他们的警钟。对一些人来说，它可以推倒他们多年来在自己周围筑起的防护墙，让他们最终承认自己的弱点，并向正确的人寻求支持——可能是以专业咨询的形式。在很多情况下，这个阶段可以推动高敏感人群的个人发展和成长。

第 10 章
自爱的解决方案

正如我们所听到的，很多高敏感人群缺乏自尊或自我价值感，这通常是感觉自己有缺陷或与众不同的结果。再加上许多高敏感人群面临着关于他们敏感性的批评和评价，以及他们年轻时可能受到过与这种特质有关的欺凌或虐待，你就可以理解为什么很多高敏感人群难以自爱了。

自爱是高敏感人群疗愈旅程中最重要的部分，也是自我照顾和以更健康的方式满足六个基本需求的重要部分。通过建立不以他人意见为基础的自我价值和自尊感，高敏感人群可以创造更强的自我意识。这种自我意识给他们信心、力量和鼓励，让他们更好地管理自己的高敏感特征，并学会发自内心地赞美它。

那么，究竟什么是自爱呢？ 对我来说，这是一种自我欣赏的状态，这种状态来自于滋养我们身体、情感、心理和精神成长的行动。自爱是选择改变消极信念和想法的限制。消极信念和想法会在我们内心产生消极的感觉和行为，而不是产生相对积极和自我赋能的想法。自爱，反过来，创造更多的价值感和自我肯定，带来更多的自我滋养行为，形成一个有益的良性循环。

如果你觉得你属于高敏感人群，你会从练习更多的自爱中受益（我相信大多数的高敏感人群都会这样）。如果你不知道从哪里开始，遵循本章的 12 步指南会是一个很好的选择。

第 1 步：停止拿自己和别人比较

在某些情况下，把自己和别人比较可以用来激励自己或取得积极的结果。但我们与他人的许多比较，如"他/她比我聪明/好看/自信"，会普遍导致感觉自己不够好。

总有一些人会让你认为比自己"更好"，这意味着不断地拿自己和别人比较会损害你的自我价值。更健康的做法是努力接受你自己。请记住，自爱不是建立在你的外表或成就之上的。真正的美是一种内在的品质。我认识的一些最漂亮的人，按照传统的、肤浅的媒体标准，未必具有吸引力，但他们从内心散发出美和光。

对高敏感人群来说，特别重要的一点是，不要把自己和非高敏感人群做比较。一棵白蜡树永远也成不了橡树——但它仍然是一棵美丽而珍贵的树！　无论我们是高敏感人群还是非高敏感人群，我们作为自己都是完美的，所以庆祝你独特、敏感的自我吧——你太棒了！　一个切实可行的方法是每天从一个积极的肯定开始。你可以研究一下，创建自己的（积极肯定），或使用下面这个范例：

"我是唯一的。我拥抱自己的敏感，欣赏它给我自己和他人带来的礼物。"

第2步：去除自我批评

你是否意识到内心经常有一个声音在评判、批评或指责你？ 这个声音是否让你怀疑自己，以为自己不够好，不够成功？ 这种内在的批评会让你感到疲惫不堪、沮丧或焦虑。它也会损害你的自我价值感。那么为什么我们会有这样的声音呢？

从心理学的角度看，内心的批评者是我们内部自我的一种亚人格（负责我们人格同一性的部分）。自我具有许多亚人格，而内心的批评者是高敏感人群中最显著的一种。我们内心批评者的形象通常形成于早年，那时我们刚开始接收别人的投射、恐惧、评判、信念和负面评论。

毫不意外，我们不会喜欢自己内心的批评者；我们把它看作是个人成长的敌人。因此，许多人试图忽视它，而其他人则通过只进行积极的思考来努力抑制它。然而，这么做只能暂时让这个声音消失。处理内心批评者的一个更有效的方法是和它交朋友。

与内心的批评者成为朋友

让你的内心批评者成为朋友的过程有七个步骤：

1. 把你内心的批评者想象成某个角色；给它起一个能反映它现在个性的名字，比如抱怨的米妮、审判者约翰或唠叨的诺拉。

2. 给你内心的批评者一个机会来表达感受或想法，把这些反应写在日记里或用录音录下来，这样你就可以在事后阅读或回放它们了。

3. 现在重读或回放它之前所说的话。你以前在什么地方听到过这些话吗？你实际上听到了谁的声音？有没有老师在学校里说你笨，或者老板说你失败或者不够好？也许是你父母对你行为的评价，或者是嫉妒你的朋友对你长相的评论？意识到谁的声音可能在那里可以帮助你辨别这些批评是从哪里和什么时候开始的。

4. 接下来，质疑这些消极想法或信念的有效性。例如，如果你的批评者说你很愚蠢，那你是如何获得这个或那个资格证书的？如果你是这样的一个失败者，你又是如何获得每年与业绩相关的奖金的？如果你长得那么丑，为什么别人会夸你的长相呢？这只是一些例子——你可以举自己的——这将给你力量与内心的批评者沟通，而不是让自己失去力量。

5. 现在，感谢你内心的批评者帮助你认识到那些想法和感受根本不是真实的——无论是基于别人的观点和投射，还是基于自我的批评。还要感谢你的批评者提醒你需要在自爱和自我价值方面做得更多。

6. 现在，改变你内心的批评者的名字，以反映你的内心已经出现的感激和同情，如信使米妮，同行者约翰或推动者诺拉。想象一下，给你身体的这一部分一个拥抱，告诉它你的自爱和慈悲，这会让它感觉更好并开始痊愈——这样就不再需要破坏性的判断和批评了。

7. 即使最初有阻力，也请一起致力于这段自我修复的旅程——友谊的开始有时是不稳定的！请记住，长期以来，内心的批评者一直是你心中的重要人物。所以，要有耐心，可能需要一段时间它才能准备好退居幕后。

如果你觉得自己好像又陷入了旧习惯，或者内心的批评又在增加，那么就经常重复这个练习。请坚信你是独一无二的，你真实的样子就是价值所在，因此你应该善待自己。

第 3 步：发展自我同情

如此多的高敏感人群对他人抱有并表现出极大的同情，却无法为自己做同样的事。如果你能跳出你自己和自己的行为来观察，你可能更能意识到自己是如何评判、指责、批评或拒绝你自己的。自责、自我评判和批评只会侵蚀你，并让你产生自我厌恶。因此，高敏感人群通过练习同情、爱、理解和对自己的温柔来克服这一点是至关重要的。对于缺乏自我价值感、经常自暴自弃的高敏感人群，有一个很好的问题可以问问你自己："我会像对待自己一样对待我的伴侣、孩子、朋友或爱人吗？"如果答案是"不"，那就对自己好一点。

很多高敏感人群还对自己有过高的期望。作为自我同情和自我关爱的重要组成部分，你应该给自己设定一个现实可行的目标，而不是那些不可能实现的目标，或者那些会给你带来巨大压力的目标。如果现在的生活对你来说很艰难，自我同情就是知道自己当下已经尽力了，并对自己说："这就是我现在能做的，没关系。"

第 4 步：练习宽恕

对高敏感人群来说，宽恕他人是一个挑战，因为他们的情感经历有深层结构，伤害、谎言和背叛都能在他们的情感痛苦之中埋藏得很深。但是，除非他们进入自己的痛苦、释放自己所拥有的情绪，否则他们将无法做到完全宽恕。

我经常与高敏感人群共事，他们表现得好像他们已经原谅了某人，因为他们不喜欢把事情往坏处想或感受负面情绪——他们经常在宽恕时表现出我所说的"伪积极"（pseudo positive），但并没有真的做真正宽恕所需要的深层工作。因此，他们未表达的感情被保存在身体内或他们的阴影中。

我们必须经历不同的阶段才能做到完全宽恕。

首先，我们必须允许自己感受任何情绪的出现，并找到一个安全的地方来表达它们。理想情况下，建议你找一个治疗室，在那里你可以和一个训练有素的咨询师讨论——和真正伤害你的人讨论并不是一个好主意。在这个安全的空间里，你可以探索隐藏在情绪表层之下的东西。

接下来，确定你以前什么时候有过这种感觉。你能找到一种模式吗？ 例如，如果你在最后一刻被朋友辜负了，并为此感到愤怒和沮丧，看看你是否能回想起其他有过同样感觉的时刻。也许会有一种更旧、更深的伤害重新浮现在你的记忆中，帮助你理解为什么你会对你的朋友特别生气。这种理解可能有助于你去宽恕。

现在试着从更广泛的角度来看待这种情况。想想伤害你的人的行为，或者他们的处境。也许他们的不良行为是受他们自身过去问题的影响？ 万一他们的行为触发了一个机会，帮你疗愈一个长期存在的模式呢？ 你能从所发生的事情中得到什么积极的东西吗？ 例如，如果有人对你缺乏尊重，花点时间反思一下你是如何对待自己的。你是否需要在自己与他人间建立更分明的界限？ 你需要更尊重自己吗？ 绕过这些阶段可能会阻碍你迈向真正的宽恕。

在这一点上，重要的是要知道原谅某人并不意味着他们所做的是好的。这只是意味着你不再愿意承受他们给你带来的痛苦。这在很多层面上都是一段非常解放自我的经历。但是宽恕并不仅仅意味着宽恕他人，它也意味着原谅自己。我们都在过去有意识或无意识地做过一些伤害别人也伤害自己的事情。为了培养真正的自爱，就像刚才解释的原谅别人一样，原谅自己过去的行为也是至关重要的。

第 5 步：学会毫不愧疚地说"不"

几乎所有在我这里咨询过的高敏感人群都很难对别人说"不"，尤其是当他们需要当场拒绝的时候，或者当他们认为别人可能会对拒绝做出糟糕的反应的时候。部分原因是高敏感人群具有想要帮助他人的自然倾向，但缺乏自我价值感也是原因之一。因此，如果高敏感人群拒绝别人，他们往往会感到内疚或自责，这意味着即使在被要求做他们不想做的事情时，他们也会说"好的"。不幸的是，他们常常会觉得自己的内心充满了委屈和怨恨。

对高敏感人群来说，因为一辈子都在说"好的"，开始说"不"对他们来说可能是一个很大的挑战和飞跃——这绝对需要练习！作为第一步，当你被问到某件事的时候，试着使用这样的习惯说辞"我很快就会告诉你的"或者"让我稍后再告诉你"，直到你逐渐对直接说"不"有信心。另一个建议是问问你自己，你是想做这件事，还是觉得你应该或必须做这件事？ 如果是"应该"或"必须"，它通常代表着我们已经接受并内化了来自他人的信息或期望，所以说"不"是可以的！

第 6 步：表达你真实的感受

很多高敏感人群由于情感处理的深度或能感受到的情感强度，很难表达他们的真实感受。对他们来说，答案在于拥有并表达他们的真实感受，以及学习如何变得自信。同样的，这也需要练习！ 即使你从道理上知道你的感受是有价值的，你有权表达它们，学习如何成功地这样做而不让自己感觉到你可能会伤害另一个人，对高敏感人群来说通常也是很困难的。因为高敏感人群讨厌遇到不友善的情况，因此常常压抑自己真实的感受。

自信意味着愿意做自己内心深处的感受的主人，允许自己以一种安全、健康的方式表达它们。重要的是，它包括表达你的需求而不期望其他人来满足它们。重要的是不要期待结果。

如果高敏感人群身边的人正在说一些关于他们的坏话，

告诉他们这让自己感觉如何，一种比较自信的方式是这样
说："当你说那些坏话的时候，我感到很难过。这很不好！
我觉得很伤人。"而不是说："你很不友善。你的冷嘲热讽
真让我心烦！"这样，你就成为自己情绪的主人，你只是在
陈述你的真实感受，而不是随便责怪别人。

第 7 步：设立边界

创建健康的边界是一种自爱的行为。这意味着你知道并
理解你在身体、情感、心理和精神层面上的界限。花点时间
想想你因为没有边界而忍受了什么？有多少次你觉得被剥夺
了权利或被利用了？如果没有健康的边界，你可能会发现自
己陷入了别人的戏剧性情绪中，或者受到了不礼貌的对待。
但是请记住，别人对你的行为只有在你允许的情况下才能维
持下去。

高敏感人群很难维持边界，因此他们有时会让不合适的
人进入他们的生活。这可能是因为他们放弃了自己的权利，
从而吸引了控制或支配他人的人；也可能是因为他们对拒绝
他人不好，最终与那些可能操纵或榨干他们情感的人搅在一

起。他们也倾向于透过不良行为看问题，而且他们不想伤害别人的感受，但这并不意味着不良行为应该被容忍。当你拥有自爱的时候，你可以用一种友善和充满爱的方式来维持健康的边界。

高敏感人群经常说别人利用了他们的善良，但是有清晰边界感的善良才是真正的善良。在监狱里工作时，我不得不迅速学会这一点。在监狱里，我有时不得不在谈话中加上一句提醒语，以加强与工作对象之间的界限。这句话通常是这样说的：“不要把我的善良误认为是软弱。”自爱和自我赋能是学习设定边界的关键。然而，如果人们继续不尊重你的界限，你最终可能不得不将这些人从你的生活中剔除。这是另一种自爱行为，这也让人们意识到他们是如何对待他人的。维持边界通常也会让别人更尊重和重视你。

请通过在适当的地方设置小的边界开始练习这个技巧。这可以是一些简单的事情，比如告诉你的伴侣或孩子，你洗澡的时候是一段“不要被打扰”的时间，而这可以让你有一些自己的空间并得到放松，减少过度刺激。用这种方式为自己留出少量的时间和空间，会收获巨大的回报，并让你进入一个正面向上的螺旋。由此你可以照顾好自己，并对设定其他更大的界限更有信心。

第 8 步：疗愈你的上瘾行为

在一个非高敏感人的世界里做一个高敏感的人真的很难！因此，很多高敏感者都有某种成瘾问题，他们用成瘾来逃避压力。无论是过度饮食、饮酒、吸毒、性、赌博、咖啡，还是成为工作狂或依赖他人，这些都只是暂时让你与外界隔绝的方式。如果你有任何类型的上瘾症状，并且想要改变或打破这些模式，那么理解并实践下一页的"改变循环"模型将会有所帮助。这是一个用于应对成瘾的模型，也可以应用于我们想要在生活中做出的任何改变。

心理学家普罗查斯卡（Prochaska）和迪克莱门特（DiClemente）在 20 世纪 70 年代提出了这一模型。该循环分为七个阶段，可以根据需要重复相应的次数。它可以通过理解情绪的触发因素和实施有效的应对策略来帮助人们改变。

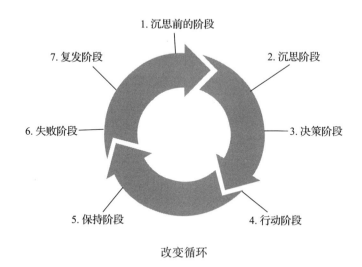

改变循环

　　我将用酒精成瘾来解释这些阶段，但你也可以用任何物质或行为模式的成瘾现象（如过度饮食）来解释这个循环。这七个阶段是：

　　1. 沉思前的阶段。在这一阶段你没有意识到或否认你的饮酒习惯是有问题的，或者你没有想过自己喝了多少酒、是否已经养成习惯。

　　2. 沉思阶段。这是你开始思考或意识到你的模式的时候。你可能开始注意到每个周末回收箱里有多少空酒瓶。或者注意到其他人评论你喝酒以及你对酒精的依赖。你可能不认为这是有问题的，但如果你饮酒超过建议的每周限量，你的健康将开始受到影响，这将成为问题。如果你有经济问题，因为你在喝酒上花了太多钱，或者因为宿醉而失去了工作，这也是很有问题的。在这个阶段，有些人会回到沉思前阶段对事实加以否认，因为他们还没有准备好面对和改变他们的模式。

3．决策阶段。然而，如果他们确实想要改变，他们就会进入决策阶段。当一个人权衡继续保持某一习惯的利弊时，这种情况就会发生。对于高敏感人群来说，喝酒的好处可能包括"它让我感觉更好""它帮助我放松""它阻止我吸收其他人的能量""我可以轻松一下"，等等。但坏处可能是"第二天我感觉很糟糕""我感觉更抑郁了（因此需要更多的酒来达到同样的效果）""我喝醉时做出有害或危险的行为，我感觉负面能量更多"，等等。你会开始意识到，大多数优点对修复而言都是短期的或临时的。你也可能开始意识到它们也都与你的情绪和感觉有关。我们之所以滥用物质是因为我们试图改变自己的感觉，因而我们的行为模式也会试图满足我们的需求。我们必须找到更健康的方式来做到这一点。在这一点上，我们还必须为自己决定是减少伤害还是完全禁止。减少伤害可能意味着减少你的饮酒量，尤其当你在健康上有问题时。禁止则意味着完全戒掉它。

4．行动阶段。这是整个周期中最重要的部分，因为它对成功至关重要。这一条是关于应对策略的。如果你想放松，你可以做什么来代替拿起饮料呢？ 也许，你可以试着洗一个温暖的香薰浴，或者你可以学习正念或冥想。如果你不开心，而喝酒会让你感觉更好，你可能会决定与咨询师或治疗师一起做一些个人发展的工作。毕竟，与其去探究你不快乐的原因，不如试着去解决它。

5．保持阶段。这是指你使用更健康、更积极的应对策略，持续地按照改变后的样子生活。如果你决定减少危害，并已经成功地大幅减少饮酒，或者你决定戒酒，在六个月或更长时间内没有喝任何酒精饮料，那么很可能你已经改变了你的模式，能够离开这个循环了。

6．失败阶段。然而，当我们试图改变时，通常会发生的一件事是我们失败了。我们可能会经历一些阻碍我们成功的事情。糟糕的一天、丧亲之痛、失业或恋情的结束，这些都是影响我们所有人的重要生活事件。但在这个阶段，重要的是不要觉得自己失败了。失败是暂时的，如果你能找出失败的诱因，那么你就可以回到行动阶段，采用一些新的或更好的应对策略来处理被触发的情绪。你可以加入一个互助小组、做一些运动、在大自然中散步，或者给朋友打电话。你也可以尝试一下 EFT（情绪释放技术）、做一些创造性的事情、祈祷、冥想、去跳舞或看喜剧——任何能以积极的方式改变你的情绪状态的事情。如果这些新的行动有效，那么你就回到了保持阶段。如果你已经知道你的触发因素是什么以及如何有效地处理它们，你就可以再次离开这个循环。

7. 复发阶段。然而，如果人们没有意识到失败只是需要调整新的应对策略的短暂现象，那么下一个阶段就可能是复发。旧的思想和信仰会抬起丑陋的脑袋，自我破坏的模式也会再次出现。"这到底有什么意义？"和"谁会在乎？"是复发阶段的常见评论。成瘾者通常会在这个阶段离开改变的周期，因为他们认为这是一种失败，并回到他们旧有的行为上去。但如果有自爱、同情心，或许还有一些外部支持，他们就不必离开这个循环。他们只需要重新开始，进入决策阶段，再次开始循环。对于一个完全上瘾的人来说，这种情况可能会发生 10 次、20 次、30 次甚至 100 次，但每当一个人进入这个周期，他们就会对自己行为的诱发因素、信仰、模式和潜在问题有更多的自我意识。更重要的是，他们会发现处理自己情绪的其他方式。

再一次提醒，有很多国家和地方机构可以在应对成瘾方面帮助和支持你，如果你认为自己有成瘾问题，请向它们寻求帮助。

第9步：照顾你自己

照顾自己意味着每天关心和关注自己的需求。你需要给自己温柔、关爱的照顾，这样你才能在身体、情感、心理和精神的各个层面实现成长和发展。例如，如果你的身体感到疼痛，那就泡个舒服的热水澡，在身体上擦点香薰油，早点上床放松一下，这样身体就能恢复活力。而不是忽视你的身体，超越你的极限，或者在午夜之后继续做家务！

制订一个每天为自己做点好事的计划，即使只是花时间为自己做一顿美味的饭菜，听你最喜欢的音乐，犒劳一下自己，或者去公园散散步。

第10步：在生命的所有层面找到平衡与和谐

为了实现完整和自爱，我们需要把我们自己的四个方面——我们的身体、心理、情感和精神——都带入平衡与和谐之中。如果用更形象的方式来解释这一点，可以把自己想象成一只风筝。这只风筝的各个方面都是平等的，分别代表着身体、心理、情感和精神方面的自我。我们需要在所有这些方面努力保持平衡——以便让风筝飞得更平稳。

最简单的方法之一就是运动。无论是有规律的散步、游泳、跑步还是参加喜欢的课程，都是实现平衡的好方法，因为它们都对我们的身体有益。这会释放内啡肽或让我们"感觉良好"的荷尔蒙，从而有助于我们的精神和情感健康。某些类型的运动，如瑜伽和太极，也有助于我们的精神健康，这跟正念或冥想的效果类似。另一个实现平衡的好方法是参加系统注册的心理治疗师或精神疗愈者的治疗疗程。这是因为疗愈作用于所有层次的生命。

第 11 步：积极肯定

简单说来，积极肯定是指积极的自言自语。有意识地选择和改变你使用的词语和你的想法，这将反过来改变你的感觉，并最终改变你的现实。它们也是改变对自己的消极信念的一种方式，这些消极信念是多年来由习惯性思维模式形成的。当人们第一次开始说积极肯定的话的时候，他们可能会觉得有点被欺骗，但这是旧有自我的声音，旧有自我会试图破坏你改变的努力。不断地对自己说积极的话，你就会慢慢觉得更自然。请参阅下一页，获取一系列陈旧的消极信念/想法如何变得积极而肯定的例子。消极的想法写在左边一栏，肯定的话写在右边一栏。

第 12 步：使用洞察力

许多高敏感人群要么过于信任别人，要么不信任别人。过于信任别人，忽视任何对别人的怀疑，往往会受伤。结果，他们可能会因为在过去发生过的任何伤害、痛苦或背叛而转变成相反的心态，不再相信任何人。这让他们不再接受可爱的人或美好的经历进入他们的生活。自爱就是相信自己的直觉。当你和别人在一起的时候，如果你的内心有一个警告信号或警铃在鸣响，又或者有一个强烈的负面的身体反应——请仔细聆听它。你的直觉是你明智的内在向导，它倾向于通过你的感觉而不是你的理智与你交谈。如果你对某人有一种感觉，只有直觉而无法解释为什么，那么请相信它。

洞察力是信任的关键，也是自爱的一部分。

　　这就是我开始练习更多自爱的入门指南。如果可以让你跟自己美好、敏感的自我相处并觉得非常舒服和真实，那么这本指南就是非常有用的。接下来我们来看看高敏感人群怎样管理自己的过度兴奋带来的影响。

从消极的想法到积极的肯定

我不够好!	我选择自我感觉良好。
我总是身无分文的。	我愿意接受经济富足。
没有人喜欢我。	我值得被爱。当我学会更爱自己的时候，我就会吸引更多可爱的人进入我的生活。
我不知道该做什么。	我相信我的直觉。我做的每一个决定都是正确的。
我不合群!	我吸引志同道合的人进入我的生活，他们与我有很多共鸣。我接纳自己，并拥抱我与周围人的不同和相似之处。
我总是感觉不堪重负。	我正在学习倾听我的身体和我自己的需求。我选择好好照顾自己。
他们怎么能这样对我，我永远也不会原谅他们的!	现在我选择释放我所有的怨恨、伤害和痛苦。

第 11 章
处理过度兴奋及其影响

当高敏感人群受到过多刺激时，他们的感觉神经系统就会进入过度兴奋的状态，或者说"不堪重负"。肾上腺和交感神经系统被激活，自发的"战或逃"反应就开始了。这可能导致心跳加快、出汗、焦虑、胃里翻腾的感觉，甚至惊恐发作。如果这种压力持续下去，就会转换成慢性的、严重的压力。高敏感人群需要在达到极限之前倾听身体的声音，否则他们可能会有筋疲力尽的风险。这通常是因为肾上腺不断释放出高水平的皮质醇，这会导致睡眠紊乱、失眠、体重波动、焦虑、抑郁和嗜睡。当过度劳累导致肾上腺疲劳时，高敏感人群也容易出现慢性疲劳和/或纤维肌痛。

在我生命的大部分时间里，我都在与过度兴奋和随之而来的肾上腺疲劳做斗争。很多因素促成了这一结果，并由此产生了很多健康问题。我认识到，你必须察觉到触发因素，并有现成的策略来处理它们，而不是简单地在问题发生时救火。自从了解了高敏感人群的特征并与有这种特征的人一起工作，我发现了许多有效的方法来更有效地管理过度刺激、过度兴奋及其影响。我与高敏感的来访者分享了这些策略，他们也发现这些策略很有用。

具体策略

让我们从一些简单的应对策略开始，以减少或防止不堪重负。

1. ACE 方法

ACE 代表避开、控制或逃离。这是一种简单而有效的策略，适用于我工作过的监狱里的毒品服务部门。当你要去某个地方或做一些你知道可能会对你产生负面影响或对你的神经系统产生过度刺激的事情时，它非常有用！ 按照 ACE 的模式，如果你不需要去，那就**避开**它。然而，也有很多情况，如假期、聚会、音乐会、婚礼、单位活动或家庭聚会，我们不能或不想避免。在这种情况下，我们必须采取适当的策略来**控制**过度刺激——提前计划好有规律地从这种情况中抽身，获得休息，也许是到外面呼吸一些新鲜空气，或者只是给自己找一段安静的时间。当然，工作环境并不容易避免，而且控制起来可能更具挑战性，这就是为什么我建议高敏感人群经常去卫生间休息！ 通常只有在这里，他们才能独处几分钟，并采取本章给出的其他策略。最后，如果你不能控制你的环境或境况，那么当你需要的时候，让自己**逃离**。离开聚会，找另一份工作，或者改变你的环境。不要忍受那些会引起过度兴奋的事情，也不要不断地把自己逼到极限。毕竟，你自己的幸福应该放在首位。

2. 轻敲

轻敲也被称为 EFT，或情绪释放技术，轻敲的艺术是用一种奇妙的方式来平息过度兴奋，阻止事情将你压倒。只要有需要，我就经常轻敲，而且发现它是非常有价值的。本质上来讲，它包括用两根手指轻轻敲你的手、脸、头和锁骨上的各种压力点，以帮助你更好地处理和释放你的情绪。下一章将对此作详细说明。当你为了减轻压力而练习轻敲时，一边敲一边说："即便我现在感到了彻底的不堪重负和过度刺激，我也接受我自己和我的感觉。"

3. 专注于呼吸

当你受到过度刺激时，意识到你的呼吸会发生什么改变，并将调整呼吸作为习惯是很有用的。你可能会注意到你倾向于浅呼吸，或者甚至在不知不觉中屏住呼吸。如果你发现自己屏住了呼吸，请集中精力让它放松。如果你是一个浅呼吸者，专注于从你的下腹部吸气和呼气；如果你有过度呼吸的情况，拿一个纸袋，把它放在你的嘴巴前面，吸气，呼气，直到你把呼吸速度放慢到正常节奏。人们很容易低估呼吸的作用，但这是减少过度兴奋的最佳策略之一，它还能增加血液中的含氧量水平。

4. 花时间接触大自然

大自然提供了世界上最好的抗抑郁和抗焦虑的可能。这也是减少高敏感人群压力的最好方法之一。无论是在公园散步，还是去林地、海边或爬山，大自然都有助于减轻压力，提高我们的整体幸福感。

5. 赤脚走路（或"接触地面"）

我们的身体内部运行着一系列生物电系统，其中最强大的两个是心脏和大脑。所有的生物电系统都需要接地。不幸的是，由于我们大多数时间都穿着鞋子，我们与大地母亲断开了联系。赤脚行走在草地、土壤或沙滩上，即使只有十分钟，也能让电场在你和大地之间流动。

正在进行初步临床试验的研究人员报告说，接触地面对人们的健康有重大的好处，这有助于防止高敏感人群的感觉神经系统过度兴奋。对于生活在与自然接触较少的城市的人，也可以在网上购买接地垫。

当太阳耀斑和地磁暴发生频率增加时，接地也很重要，因为高敏感人群的神经系统对这些事件特别敏感。如果耀斑或地磁暴持续数小时或数天，这些事件可能会导致过度兴奋。在过去的几年里，太阳活动似乎增加了，许多高敏感人群感觉到了一些不同，但不明白为什么他们的身体和情感症状加重了。

6. 冥想

有很多类型的冥想可以用来对抗压力——从引导可视化（guided visualizations）到只是静静地坐着，盯着蜡烛的火焰。这在很大程度上是个人喜好的问题。引导可视化对于那些难以放慢思维速度的高敏感人群来说尤其有用。

想知道更多关于冥想的内容，你可以浏览相关书籍，寻找在线指导手册，下载冥想应用，或拜访当地受人尊敬的冥想老师，从而找出最吸引你的冥想技巧，以及将它融入你的日常生活以达到最佳效果的方式。

无论你选择哪种冥想方式，即使最初只有五到十分钟，练习冥想也会让你的大脑平静下来，减少过度兴奋。

7. 声音疗愈

数千年来，音乐和声音在许多不同的文化中都被用作治疗和减轻压力的工具。唱出一些积极的词，比如"爱"、"和平"和"快乐"，或者听一些舒缓的音乐，可以帮助放松感觉神经系统，减少压力。请选择你喜欢的声音，让自己沉浸其中。

或者，如果你在精神上更倾向于祈祷，你可以考虑背诵一段祈祷词，比如美国神学家雷茵霍尔德·尼布尔（Reinhold Niebuhr）所写的《平静》："上帝赐予我平静，让我接受我无法改变的事情，改变我所能改变的事情，并赋予我智慧去分辨二者。"声音疗法在繁忙的现代世界尤其有价值，因为它们可以在任何时间任何地点进行——火车上、室外或安静地坐在家里。

8. 恢复时间

最后，开始在你的计划或日记中安排"恢复时间"。连续的会议、短途旅行或活动只会让高敏感人群不堪重负，所以考虑减少你的活动，在你的日程安排中增加休息时间。正如第1章所提到的，我发现这一点在旅行时是必不可少的。

虽然上述所有的策略都是高度推荐的，并且在对抗过度兴奋方面也很有效，但它们只是一个开始。请以你自己的身体和喜好作指导。基本上，只要是你喜欢做的事情——瑜伽、唱歌、跳舞、祈祷、针灸、按摩、创造性艺术、与宠物相处或者仅仅是洗一个澡让自己放松，如果它能减少外界对你的过度刺激，改变你的生理反应，那就在任何你需要或可以做的时候去做。

其他补救措施

除了刚刚探索的应用广泛的应对策略外，下面是一些进一步建议，我发现这些建议对任何具有高敏感特征的人都有效。

注意： 在采纳任何治疗建议之前，请咨询专家，尤其是如果你正在服用任何处方药的话。

- 高敏感人群对小麦、乳制品、糖和咖啡因特别敏感，因此含有这些成分的食物会对敏感的感觉神经系统产生负面影响。如果你觉得自己不耐受，请咨询医生或营养师，并相应地调整饮食。你会感觉不仅在身体上，而且在精神上和情感上都好多了。

- 生活方式的改变——如果你的生活方式或职业生涯正在经历慢性的过度刺激，你可能不得不重新考虑你的生活方式或你所做的工作。要做到这一点，一种方法是从受过专业培训、知道高敏感人群特征的专家，或者本身就是高敏感人群的专家那儿寻求专业支持或指导。如果你有高敏感人群的特征，提醒你的部门经理或工作单位的人力资源部门（如果有的话）也是一个好主意。

- 成为高敏感人群社区的一员或加入一个支持小组。和其他对过度兴奋问题有了解并高度共感的高敏感人群待在一起，不仅能通过分享和反馈提供减少过度刺激的洞见和方法，还能提供一个探索过度刺激的"安全空间"。

- 避免酒精或兴奋剂，因为它们都会对感觉神经系统产生有害影响。

最后，我引用了一些与我共事过的高敏感人群的话，这些话描述了他们在应对过度兴奋时喜欢使用的策略。我希望它们对你有用：

"我要么找个安静的地方，要么沿着海滩散步（不管天气如何），要么关掉手机，要么大哭一场。"

"我尽可能地纵容自己——冥想、洗澡、听音乐、跳舞、寻找朋友的支持。"

"在我年轻的时候，哭是很有帮助的。现在我大了，我会冥想或倾听内心的声音来安慰我的不适。我会闭上眼睛，集中注意力。如果可能的话，身处大自然中也能解决我遇到的问题。"

"对我来说，让自己沉浸在当下并放松会有帮助。关注我的呼吸会有帮助。与朋友交谈也有很大的帮助。"

第 12 章
追求情绪自由

这一章讲的是一种自助技巧，叫作情绪释放技术(EFT)，也叫"轻敲"技术。它是基于中国传统的穴位按摩手法和现代心理学原理，释放被阻塞或被卡住的情绪的技术。对高敏感人群而言，这是处理他们情绪的最有效且最有力量的身心技术。临床试验也证明了它的有效性，尤其是对患有创伤后应激障碍（PTSD）、焦虑障碍或恐惧症的人。多年来，我一直对属于高敏感人群的来访者使用这种方法，他们发现这是一种管理他们深层情感处理过程和强度的特别有效的方法。这也是一个改变对自己的消极想法和信念，并管理当前的生活压力的有用的自助工具。

EFT 包含用指尖轻敲身体不同的能量点，即中医所说的穴位，以清除能量障碍，恢复健康的自然状态。它的工作原理就是"敲开"（tapping into)你身体的自愈能力。它可以用来释放情绪，阻止身体自主神经系统中的"战或逃"反应。它还能帮助你改变消极的思维模式、自我设限的信念、陈旧的记忆或任何你正在处理的具有挑战性的问题。

轻敲点

主要的轻敲点在手、脸、头、锁骨和腋下(见第 122 页)。你可以用你觉得更舒服的那只手轻敲(大多数惯用右手的人更喜欢用右手)。不同的点与不同的身体部位或系统相关联。理解这些关联对高敏感人群尤其有好处，因为它们的处理层次更深。主要的轻敲点有：

1. **手刀点**：位于手的一侧。根据中医的说法，它与小肠有关，小肠在情感上与感觉被卡住、难以放手、悲伤、脆弱、担心、痴迷和强迫有关。

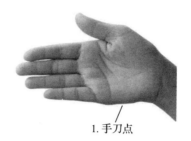

1.手刀点

2．内眉点：位于眉毛的内侧边缘，最接近鼻子的顶部。它连接膀胱经，在情感上与创伤、痛苦和悲伤有关。有时也与沮丧、不耐烦和不安有关。

3．外眉点：位于眉毛的外侧边缘，在眼睛和太阳穴之间。它连接胆囊，在情感上与不满、愤怒和对变化的恐惧有关。

4．眼下：位于每只眼睛下面，碰到眼窝骨的地方。它连接胃，在情感上与恐惧、焦虑、恶心、空虚或失望有关。

5．鼻下：位于鼻子下方和上唇上方的中心点。它连接所谓的督脉，这条脉络负责处理体内"阳"的能量（阴阳与体内的女性和男性能量流有关），并与羞耻、无力、害怕嘲笑和害怕失败有关。

6．下巴点：位于下唇底部和下巴之间的中心点。它连接所谓的中央血管，中央血管负责处理体内"阴"的能量，并与混乱和不确定性有关。

7．**锁骨点**：位于你的锁骨硬脊下面，那里有一个自然的凹痕(你可以用双手轻敲这个点)。 它连接肾脏，并与恐惧、焦虑、优柔寡断、担忧、压力和被卡住的感觉有关。

8．**腋下点**：位于每个腋窝下大约 4 英寸(约 10 厘米)的地方。它连接脾脏，并与焦虑、过度思考、不安全感和自卑有关。

9．**王冠点**（The crown point）：位于头部的最顶端，它也与督脉相连，并与精神上重新连接的感觉有关。在 EFT 的实践中，它锚定在平衡和对齐的感觉中。

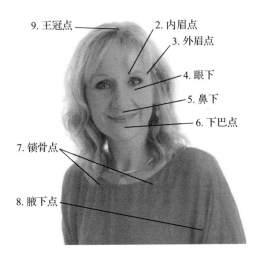

9. 王冠点   2. 内眉点
    3. 外眉点
    4. 眼下
    5. 鼻下
    6. 下巴点
7. 锁骨点
8. 腋下点

主要的轻敲点

怎么轻敲

最有效的方法是大声说出你当时真实的感受或想法，越诚实越好。敲的时候，你应该用两只手的前两根手指(食指和中指)给予坚定而温柔的压力。用你的指尖(不是指甲)在每个点上敲 5~7 次。一边说出你在那一刻的感受或想法，一边从内眉点开始轻敲，然后向下。最后再回到头顶，完成这个循环。你不需要数敲的次数。

下面是一些基于高敏感人群面临的主要问题而给出的简单的轻敲序列的例子。第一个例子是关于感到不堪重负、压力大或焦虑的，第二个例子是关于觉得不属于某地的。对于任何轻敲序列，你都需要从确定你想要关注的问题或情绪开始。

当你感到不堪重负、压力大或焦虑时

1．想想现在的问题或情况——你现在感觉如何？给你的问题或感觉赋予一个从 0 到 10 的强度等级(0 是最低的)。例如，现在你的压力、焦虑感可能是 8 分或 9 分。

2．编写你的设置语句（set-up statement）。它描绘了你

想要处理的问题。例如"我对即将到来的最后期限感到很担心"，然后把这句话变成一句积极的无条件肯定自己的话。例如"即便我真的感到不堪重负和压力大，我也接受我自己和我的感受"。说出这个设置语句并重复三次。用一只手的两根手指轻敲另一只手的手刀点，然后深呼吸。

3. 然后按顺序击第 2 点至第 9 点，每次都简单地提醒自己要解决的主要问题。举个例子，当你轻敲内眉点的时候，说"不堪重负"，当你轻敲外眉点的时候，说"不堪重负"，然后在眼下、鼻下等部位做同样的动作，直到到达王冠点。然后深呼吸。现在你就回到了开始的地方并完成了这个序列。

4. 现在再次关注你最初的问题。与几分钟前相比，现在的感觉有多强烈？在相同的数字等级上给它一个评分。如果仍然高于 2 或 3 分，再敲一轮。继续轻敲，直到感觉消失或明显降低了强度。你还可以更改设置语句，这个语句可以表达你为解决问题所做的努力，以及你对持续进展的渴望。例如"尽管我的某些部分仍然感到有点不堪重负，但我接受我自己和我的感受"。

5. 当你轻敲时，其他潜在的情绪或感觉可能会浮出水面。例如，你可能会开始感到焦虑、恐惧或沮丧。如果是这样，你可以自由地开始另一个轻敲序列，针对这种新的情绪或感觉(例如"感到焦虑"、"恐慌的感觉"或"发生了太多事情")，一直敲下去，直到相应感觉强度降低为止。

6.好了，你已经把注意力集中在驱散你的当前情绪和感觉上了，现在再次开始轻敲，这次请带入一些积极的情绪。你可以用这些短语作为指导：

"当别人对我的时间和精力提出要求时，说'不'是可以的。"

"我需要先照顾好自己，把自己的需求放在首位，这样我就不会陷入崩溃。"

"恐惧只是看似真实的假象。"

"我需要做几次深呼吸，给自己一点空间。"

"我越是相信自己，就越不需要担心。"

"我开始爱上我自己了。"

"我开始更加重视自己了。"

"我意识到，敏感是一种天赋。"

"我正在成为一个更放松、更快乐的人。"

使用任何你觉得真实的积极陈述，并尽可能多地"敲"

入它们，直到你感觉到共振能量的转变。对，就是这样！ 这真的很简单，但真的很有效！

当你感到不合群或不属于这里

1．想想现在的问题或情况——你现在感觉如何？ 给你的问题或感觉赋予一个从 0 到 10 的强度等级(0 是最低的)。

2．编写一个能表达你现在感受的设置语句。例如"我觉得我不属于我的家庭"，然后把这句话变成一句更加积极肯定自己的话，一边轻敲手刀点一边重复这句话三次。例如"虽然我觉得我不属于我的家庭，但我接受自己和自己的感觉"。或者"虽然当我觉得自己不合群时会感到恐慌，但我接受自己和自己的感觉"。

3．开始轻敲内眉点，并说一个简短的设置语句，比如"不属于这里"。然后，一边重复同样的话，一边轻敲外眉点、眼下等部位，直到到达王冠点。深呼吸，再用相关语句的缩略版，比如"不合群"，再来一轮轻敲。

4．注意你在轻敲时出现的任何记忆或意象，比如"我在学校没有被选为队员"。然后在此基础上再敲一轮。

5．注意你身体的任何情绪或感觉，比如"胸口有种悲伤""胃里有种打结的感觉""我的喉咙里有股愤怒"，然后分别针对这些情绪或感觉再敲一轮。

6．针对所有消极的想法、感觉或信念持续轻敲，直到它们的强度下降。

7．然后开始在敲的时候引入一些积极的感觉和想法，如：

"我不是唯一一个有这种感觉的人，很多高敏感的人都有这种感觉。"

"我的内心开始有一种归属感。"

"有时候，我们生理上的家庭并不是我们精神上的家庭。"

"我开始爱上我自己了。"

"我开始更加重视自己。"

"我意识到，敏感是一种天赋。"

"我可以吸引志同道合、真正理解我的特质的朋友。"

当我教我的高敏感来访者如何使用轻敲技术时，他们一开始通常不愿意承认负面情绪，尤其是如果他们有精神信仰的话。但必须从事实出发。否认、回避或压抑只会增加阻碍。当高敏感人群练习了一段时间后，他们明白了先释放和清理自己真实感受，然后再去做积极的陈述的重要性，这对他们来说就变成了一种必不可少的技巧。它能让你从一些与高敏感人群特征相关的挑战中解脱出来，也是一种让你对这种特征的天赋和好处有更积极的感受、信念和想法的有效的方式。

第 13 章
理解丧失

丧失及随后的哀悼对任何人来说都是难以面对的，但是高敏感人群有更深层次的情感过程和更大的情绪反应强度。丧亲之痛或其他任何形式的丧失（例如离婚、分离、裁员、事故或创伤）都会引发他们更长的、更强烈的悲伤。

丧失可以改变你，并改变你对自己和生活的感觉，改变你看到的和想到的。它会让你陷入深深的黑暗之中，让你觉得无法逃避随之而来的悲伤，无论是正在发生的，还是可能在几周、几个月甚至几年之后才发生的分离。

深深的悲伤在我们生命中的某个时刻影响着我们所有人。以我自己的经历来说，作为高敏感人群的一员，我知道悲伤可以把你打倒在地，让你摇摇晃晃，头昏眼花，不知所措。然后，正当你打算站起来，另一场情感的海啸又开始了。一波又一波的海浪如此猛烈地冲击着你，让你喘不过气来，你也会陷入死亡的恐慌之中。在那一刻，一个我们不想向别人承认的想法常常会出现："如果我不再呼吸了，那么所有的痛苦都会消失。"我希望通过承认很多人在某个时候都会有的这种想法，能给自己带来短暂的安慰。但从我自己和我的来访者的经验中，我也知道，当你跌入谷底时，你的更高层次的自我（以及你的精神助手，如果你相信他们的话）会帮助你吸进下一口气，支持你重新站起来，然后重新开始生活。光明终将穿透黑暗。

悲伤的阶段

悲伤有很多阶段，但重要的是要记住——并相信——在所有阶段中，我们更高层次的自我（我们的精神）本质上知道如何在痛苦中保护我们的安全。有时，当悲伤来袭，我们可能会躺在床上——昏睡、哭泣、从丧失中寻求抚慰。在其他时候，我们可能会觉得自己被送进了监狱：一个幽闭恐怖的牢房，没有灯光，四周一片黑暗。这种悲伤是最原始的——你可能会听见从某个你从未到过的内心深处发出来的嚎叫和哀号。与此同时，外部世界包围着你。从这个意义上说，悲伤就像在"消磨时间"。试着恳求、抵抗或逃离这个痛苦的监狱是没有意义的，你要做的只是标记日子的流逝，而不知道自己什么时候能够得到解放。但即使在悲伤被单独囚禁的时候，只要我们能观察得足够仔细，总会发现一丝光亮——透过门上的钥匙孔或牢房的窗户照射进来。有时候，这已经足够打破黑暗和隔绝。最终，你可以走出你的囚室，虽然也许一次只走出来几分钟或几个小时，但你会发现自己已经在通往复原和自由的路上。

如果你是一个用情很深或者同时爱着很多人的人，那么你可能会觉得你是这座监狱的常客。请记住，在你的内心有一股更高阶的力量，即使你看不到或感觉不到它，而这束光将带领你。当你连接并抓住内心的光明时，悲伤的黑暗就不会让你觉得自己被判了无期徒刑。高敏感人群常常会觉得自己在经历丧失后悲伤的时间很长，并经常在准备好之前被告知要继续前行。但是悲伤没有时间尺度，也没有正确或错误的方法来处理，所以当时机到来的时候，请试着记住这一点，并试着去拥抱你与生俱来的权利，去经历悲伤的过程，因为只有你知道你需要怎么做。

了解悲伤的关键阶段可以帮助高敏感人群理解他们的感受。重要的是要知道这不是一个线性的过程，这意味着在悲伤的循环和疗愈过程中，你会反复经历这些阶段，所以，慢慢来，让自己放松一点，当它们出现的时候，试着去识别不同的阶段。

否认

丧失的最初阶段通常是否认。在这个阶段，人们宁愿想象一个虚假的或者更美好的现实，而不是面对他们真正需要面临的冲击。这种情况经常发生在一个人没有在情感上承认丧失，并且感觉非常麻木的时候。在亲人去世时，你经常会看到人们在这个阶段让自己动起来，处理很多在人死后立即发生的实际问题，比如注册死亡或计划葬礼。

愤怒

当悲伤的人意识到他们的否认不能继续时，愤怒就会随之而来。他们可能会感到内疚或沮丧，并且想要责备某人。

这个阶段会引发诸如"为什么是我？"、"这是不公平的！"或者"为什么上帝/老天爷会让这种事情发生？"这样的反应。愤怒有时比这一阶段藏在深处的悲伤更容易表达。对于那些难以表达自我的高敏感人群来说，把他们的想法和感受写在日记或纸上会有帮助。如果你选择这样做，你还可以把纸撕掉或烧掉，以此来释放你的想法或感受。

讨价还价

第三个阶段包括一定程度的谈判，或讨价还价，以期避免悲伤。这通常包括这样的想法："带我走吧！"，"老天啊，请把它们还给我吧"或者"如果能再给我一天时间和他们在一起，我保证……"这是深层的疼痛开始浮出水面的时候。一些高敏感人群可能会回到愤怒阶段，而另一些人则会进入情绪处理过程中的抑郁阶段。每个人都有不同的悲伤方式，而且有些阶段比其他阶段花费的时间更长。

抑郁

接下来是抑郁阶段，这一阶段通常是人们最害怕的。诸如"继续下去有什么意义？""我太想念他/她了！"

这样的想法是悲伤过程中很自然的一部分。在这个阶段，人们可能会对死亡的确定性感到深深的悲伤——他们可能会撤回到自己的世界，拒绝访客，并花费大量时间哀悼。这种悲伤的黑洞最让人害怕，人们害怕被困在这个阶段。但请记住：总有办法走出黑暗，即使当时感觉不是这样，即使需要寻求专业人士的帮助。

接受

在悲伤的最后阶段，我们开始接受所有的物质生命都是暂时的，每样事物都有生命周期，都以这样或那样的形式诞生、死亡和重生。对于那些相信上帝的人来说，死亡的悖论在于它给了我们永生。如果我们内心深处持有一个信念，即当我们离开这个世界，我们将会在精神世界再次见到我们死去的亲人，这将真的有助于我们处理悲伤。在很多地方都有服务组织，包括当地的丧亲支持组织等，可以帮助你度过悲伤的历程。和那些理解你在经历什么的人交谈是很有帮助的。请通过网络或向你的医生获取相关信息。

我自己的丧失经历

多年来，丧失和悲伤多次冲击我的心灵之门，带来了痛苦和礼物，也带来了黑暗和光明。有时这对感情丰富的搭档是意料之中的，这让我有时间为它们的来访做准备，但有时它们突然出现，让我感到震惊，准备不足。

我父亲被诊断并随后死于胰腺癌就是其中之一。那时他只有67岁，之前一直都很健康。失去父亲让我心碎，但这也帮助我做出了离开监狱的决定，追随我内心中成为一名作家的梦想。

在他去世三年后，我心爱的拉布拉多犬"尼禄"（一只警犬）去世了，我那脆弱的心又一次破碎了，这本书的写作进程戛然而止。我生活中的一些人不理解我所经历的悲伤，也不理解我对我的狗的爱有多深，但谢天谢地，我的高敏感朋友们理解这些。我仍然每天都想念我的父亲和"尼禄"，但现在我能够专注于我们在一起的美好时光和回忆，以及他们给我的生活带来的爱和快乐。因此，重要的是要相信，随着时间的推移，任何丧失带来的痛苦都会开始减轻和愈合。

动物的疗愈力量

很多高敏感人群觉得自己与动物有着特别深刻的联系——有时这种联系比他们与大多数人的联系还要紧密。这通常是因为他们从动物，尤其是宠物那里得到的爱是无条件的，这对一个敏感的人来说是非常有益的。这种深沉的爱也是他们在宠物死亡时如此悲痛的原因之一。

动物对人类生活的疗愈作用，尤其是对高敏感人群的作用绝不能低估。当我在监狱工作时，我与别人共同负责缉毒犬组。当其中一只在那里工作的狗退休后，他的训练员找到我们，想把它重新训练成治疗犬。我们为这只漂亮的黑色拉布拉多犬争取到了一笔资金，让它在我管理的特定监狱单元接受训练，与一些自恋者和其他脆弱的囚犯一起工作。治疗犬经常和囚犯们一起参加治疗小组的会议。其中有些人，以前从来没有说过心里话，现在突然在它面前敞开心扉了。这真是令人震惊！

我喜欢将动物称为"毛茸茸的天使"，它们提供了高敏感人群有时无法从其他人那里得到的某种爱和联结。它们也可以教我们很多，因为它们生活在当下，不担心过去，很容易原谅别人，有能力让我们微笑，而且在黑暗中走在我们身边。因此，它们真的可以让我们得到疗愈。

现在要结束这一章关于丧失的内容了。请记住，高敏感人群的爱是非常深沉的。如果你正在经历失去亲人的黑暗时刻，请专注于你对那个人的爱以及你们在一起度过的美好时光。悲伤是我们给予所爱之人的最后一种爱。以我自己的经验来说，哪里有深深的悲伤，哪里就有深深的爱。这种爱永远不会消失，我们所爱的人也不会。它们永远留在我们的心中和记忆中。记住，如果你需要帮助，总会有人伸出援手。你只要确保它来自真正理解你所经历的情感之深度和强度的人。

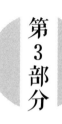

第 3 部分

心灵的视角

　　这一部分是为我们当中愿意探索性格特征中更多的精神层面的高敏感人群准备的。到目前为止，书中分享的所有内容都将帮助你管理这些特征，但还有更多可以分享。在监狱工作的十年中，我经历了自己的精神康复，也发现了作为高敏感人群更深的精神层面的特征。我还在监狱外接受过心理治疗师的培训，并对精神和心灵疗愈有着特殊的兴趣，这在我通向完整的路上被证明是非常有效的。本部分介绍了我在学习过程中所学到的东西，以及我个人如何与高敏感人群合作，帮助他们找到他们经常感到"缺失的部分"，并疗愈他们生活中的负面议题和模式的相关经验。

　　为了能够真正理解高敏感人群更广泛的精神层面的特征，我们必须首先理解，在精神层面上，我们有一个人格的自我（ego），还有一个神圣的自性（self），即一个心灵。我们的心灵包含我们的精神，本部分的第 14 章将对此进行更详细的探讨。

接下来的章节将继续讨论一种进入潜意识、探索我们心灵的方法，作为解决我们当前生活中重复出现的议题或模式的一种手段。我也对许多高敏感人群容易遇到的过去生活的主要议题提供了自己的看法，并对高敏感人群中的常见抑郁、愤怒和恐惧等主题提供了精神上的理解。在书的最后，我讨论了许多高敏感人群天生所具有的直觉能力，来鼓励高敏感人群真正拥抱并实现他们的目标，把他们自己独特的天赋和能力带给这个世界。

如果你读了这一章节，对有些概念没有共鸣，或者感到不符合你当前的信仰体系，那当然也没关系。我并不是来说服你的。我只是分享我自己作为高敏感人群的一员的经历，以及我的许多来访者的经验，并希望通过这样的方式得来的认识也能对你有所帮助。

在我生命的最初 32 年里，我并不知道我的人生应该做什么。然而，本书的这一部分表明，经过再三思考，我内心深处某种更明智、更了解自己的部分，一直在引导我朝着以某种能力帮助他人的人生目标前进，只是我当时没有意识到。我的愿望是，通过阅读这本书的这一部分，你会更加清楚地意识到自己内在的认知智慧并与其相协调，这样你作为一个高敏感的人也能在生活中感受到更深的目标感和成就感。

第 14 章
我们的自我、心灵和精神

本章的目的是让高敏感人群清晰地发现，他们内心深处清楚地知道他们的生活中有更多或更重要的东西。这也能帮助任何有过强烈的直觉感受和/或天然的心理能力或疗愈能力的人在他们"真正是谁"这一问题上拥有理解的多个角度。

我们通常习惯于相信我们只是拥有物质身体的人类。但实际上，我们自身有一个人格的部分，叫作自我（ego），还有一个神圣的部分，叫作自性（self）：它是与普世精神（universal spirit）相连的心灵（soul），也是普世精神的一部分。

自我是我们的人格部分，它产生我们的情感和想法。随着我们的成长，自我受到我们生活中某些基本影响的制约，包括我们的教育系统、信仰、社会和经济因素等。

心灵是我们精神的部分，许多人相信它能够获得不同的体验，并不断探索意识。它也是一个容器，容纳着能量和被称为精神的爱的永恒火花。它归根结底是一个伟大的谜。

我们的精神之旅

在我们进化和成长的过程中，我们可以被认为属于不同的群体，其中包括高敏感人群。由于心灵的高度敏感，当我们目睹地球上正在发生的某些事情时，我们想要以某种方式提供帮助或服务。在精神领域，我们也反思我们过去的生活，包括我们已经学会了什么，还有什么尚未完成或尚未疗愈的。人们相信，心灵需要某种"设计"来帮助我们学到某些教训，发展某些品质，从而使我们不断进化。

然而，当我们的心灵以人的形式呈现时，我们会变得健忘——一种精神上的健忘。这是我们必须经历的阶段，以便重新记起我们真正是谁。当我们处于这种暂时性失忆的状态时，自我往往会占据主导地位，而它只专注于寻找满足和幸福的外部世界。它倾向于把金钱、权力、性和名誉等视为终极目标。因此，它很有竞争力，并在寻求权力的过程中力图能够控制这一切。自我相信它与精神是分开的，并试图让我们保持渺小，让我们相信我们在某种程度上是匮乏的，这样我们就被驱使着通过拥有金钱、伟大的事业或获得成功来进一步证明我们的价值。恐惧是自我的终极动力。它有一种控制的倾向，这是因为我们相信有两种基本的恐惧——对死亡的恐惧和对不够好的恐惧。

如果我们的心灵方面被忽视，对肤浅的、外在的需求的关注会导致我们形成一种膨胀的自我意识，或者相反，让我们根本不爱自己。高敏感人群往往更接近后一种情况，尤其当他们生长在没有认识到或不重视高敏感特征的家庭或社会中。这就是为什么"不够好"的心态会随着时间的推移变得根深蒂固。自我需要找到平衡，有这种意识的时候，来自心灵的唤醒之声通常也就开始响起来了。

重要的是要知道，我们的心灵会通过我们的直觉让我们知道它的存在。这些都是发自内心的低语，是来自我们自身的更高、更聪慧的部分的内在指引信息。只要我们选择倾听它们，它们就会不断提醒我们什么是我们的人生计划——以及我们在这里要做什么或掌握什么。

所以现在让我们更仔细地看看，以便更好地理解为什么接受自己的方方面面如此重要，当然这也包括我们与生俱来的高敏感的品质。

第 15 章
认识我们的蓝图

在监狱工作的十年里，我在不同的治疗和精神实践理论的指导下接受训练。我发现监狱内的囚犯和监狱外高敏感的来访者在他们的生活中经常会有破坏性的模式或主题，以及非理性的害怕和恐惧。我发现心灵带着一个现成的蓝图进入每个人的身体，要么是为某些将要发生的经验或教训，要么是为某些将要发展或掌握的品质。本章讨论了这个蓝图，并解释了为什么我们可能会在我们当前的生活中经历某些挑战，以及它们隐藏的丰富目的。

这也有助于解释"似曾相识的时刻"，以及为什么我们与某些人或某些地方有着强烈的心灵联系，即使我们只是刚刚遇到他们。例如，你是否曾经去过一个完全陌生的地方，却感觉像在家里一样，就好像你以前在那里待过很长时间？或者你是否觉得某些朋友比你的亲人更像你的家人？ 你的蓝图解释了这一点。对高敏感人群来说，好消息是这样的经历不仅不会变得那么紧张和难以处理，而且可能会让人感到安慰或满足，只要你学会了挖掘你内在的心灵智慧，并认识到它们从何而来，以及它们为何会以现在的方式展现。

我们心灵的电影

把每一段生命都看作一部不同的电影是很有用的。如果有未修复或未完成的任务，模式或主题就可能会重复，只是每个人的设定和角色可能不同。

不管你怎么看，我们生活的电影都会遵循一个典型的制作流程。这部电影将会有开场场景（我们的出生），电影的背景（我们生活的地方），人物介绍（我们的家人、朋友和我们遇到的人），不同情节线索的故事线，以及一个结局（我们的死亡）。我希望，在我们生命的最后，我们能明白我们的生命是什么，发现隐藏在故事情节中的天赋和品质，并通过我们的生活经历找到智慧和教训。如果我们不能在自我（人格）层面做到这一点，那么当我们的心灵回到精神王国，我们就会在心灵层面做到这一点。

心灵知道没有"真正的"死亡，它也知道每一个人的一生都只是从一部电影到另一部电影的过渡，因此它想要体验更多、观看更多、创造更多。

因为在纯精神领域里，没有分别、没有对立、没有体验，只有爱、和平、喜乐和团结，为了让心灵进化和成长，它必须经历与之相反的事情。在这里，它可以获得意识，并掌握情感和教训。正因如此，未愈合的创伤让我们为每一部"电影"都创造了深刻的、具有挑战性的情节。在这个心灵成长和发展的不断深化的过程中，有一些主题是普遍的。

普遍的主题

我们携带某种蓝图的个人原因是多种多样的，但只有我们自己的心灵真正理解这些原因。有一些普遍的主题和目标适用于所有的蓝图。它们是：

- 记住我们真正是谁。唤醒我们的心灵和精神。

- 实现个人和精神的成长。

- 为他人服务：这是心灵之旅的一个基本方面。

- 爱的表达。在心灵的层面，扮演任何角色的决定都是从一个充满爱的角度做出的。心灵明白，为了疗愈某种重复的模式，首先需要重新体验被遗弃的感觉，然后才能治愈它。我们可以看到我们所经历的挑战和教训背后更大的图景和更高的目标。

　　现在让我们来具体看看其中的一些主题。请记住，这些在高敏感人群的蓝图中经常出现，它们是你的心灵想要教你做的事情，或是需要你掌握的事情。它们是：

- 疗愈你生命所有层次上最深处的创伤。这意味着疗愈任何童年创伤和根深蒂固的父母模式，并释放过去生活的伤痛。

- 照亮你内心的黑暗（通常被称为阴影），这样你性格中那些隐藏的或不被承认的方面就不会投射到外部世界。

- 在你自己身上和地球上找到"家"，疗愈任何"乡愁"的感觉。

- 为了疗愈，高敏感人群往往会深陷"受害者"角色之中，或受制于与权力有关的问题。这些问题往往源自他们感觉跟别人不一样，因而与他人疏远等。

- 服务：通常在社会层面和个人层面。

- 传播光明：这就是为什么高敏感人群经常被称为"光之工作者"。

- 最后，所有高敏感的人的共同主题是爱、善良和同情，不仅对他人，也对自己！ 许多高敏感的人是无私的，这是一种令人惊叹的品质，但如果这损害了他们自己的健康和幸福，事情的性质就不同了。我们都在这里给予、接受和体验各种形式的爱。

与我们的内在智慧相连

读到这里，你的自我可能会被激发，当你回想起你和别人在生活中一起遭受的伤害时，你可能会开始感到愤怒。至少我是这样，当这些教导第一次被分享给我时我就是这样的反应。我的自尊在尖叫，反抗说这是不可能的，我的任何一部分（心灵或其他）不会主动选择让某些消极的人进入我的生活，或者经历一些我自己的创伤。但是，当我与心灵的内在智慧联系得越紧密，我就越开始意识到，它知道一些我的自我所不知道的东西，这让我能够在所有这些经历中发现礼物。例如，如果我没有经历过恐惧，我就不会有勇气，如果我没受过如此深的伤害，我就不会学会宽恕。

所以，尽管从人格或自我的角度来看，很多经历在它们发生的时候都像是压倒性的挑战；但另一方面，从心灵或精神的角度来看，每一次经历和互动都有明确的发生理由。

因此，我希望你用你的自我来调解，当你进入心灵层面时，请它保持自己的观点，去感受这些想法是否在你的内心与你产生共鸣。但是，如果你无法理解它，如果它暂时无法与你产生共鸣，请不要担心。你正在阅读这部分的事实表明，你渴望接受和爱你自己的所有方面，无论你是否理解它们。对它们感到好奇会让我们更加了解作为高敏感人群的自己。

第 16 章
发展一种心灵的视角

本章深入探讨了高敏感人群在一生中可能遇到的主要情感挑战，这有时被称为"心灵挑战"，包括精神上的乡愁、恐惧和愤怒。意识到这些挑战往往能给高敏感人群带来很大的安慰，这一章也将帮助他们重新构建心灵成长的机会。

已经走在心灵成长道路上的高敏感人群有时会有一种误解，以为他们生活中的每件事都应该是充满"爱与光明"的、轻松的。但是，高敏感人群通常会选择更困难的挑战。他们在心灵层面通过接受这些挑战来获得掌控感，也因而必须处理生活中由此产生的情绪。

当我们经历了情感黑暗期，努力寻找光明时，怀疑会使我们偏离轨道，然而，正是在这些时候，我们才学到了关于信任和信仰的重要一课。重要的是要记住，即使我们感觉不到它的存在——比如我们看不到战胜或摆脱挑战的方法，它也一直与我们同在。精神力量可以帮助我们理解，最黑暗的地带最终会被证明是通向最光明彼岸的道路。关键是我们如何应对挑战。

关于相信更高智慧的一课

有一个关于一头驴和一口井的寓言，可以有效地提醒我们，我们自身的某些非凡部分总是存在的，而且即使我们在表面上找不到出路，最终也能够找到"心灵的解决方案"。

农夫的驴子掉进了一口又深又黑的井里。驴子凄惨地哀鸣了好几个小时，而农夫一直在试着想办法。他找不到救驴子的方法，所以他决定结束它的痛苦，因为他别无选择。他叫来邻居，拿起铲子，开始把土铲进井里去。起初，驴哀鸣得更凶了。后来，令大家惊讶的是，它安静了下来。农夫低下头，对眼前的景象感到吃惊不已。当每一铲土落在驴背上时，它都在做一件了不起的事情：轻轻抖掉泥土，往上踩一脚。继续往驴身上铲土，它就继续把土抖掉，再往上踩几脚。很快，这头驴就从井中爬了出来。

生活会不断地把泥土和垃圾铲到你身上，有时候量还很大。走出自己的深井或黑洞的窍门就是利用泥土或垃圾"往上走一步"。每一次你这样做，就会更接近光明，最终找到自由。

一种帮助战胜心灵挑战的技巧

对于高敏感人群来说，帮助处理这些"心灵挑战"的一个有效方法是采用"心灵视角"或"心灵意识"。

要做到这一点，可以按照通常的方式开始打拍子，并伴随一个预先设定好的句子。然后像往常一样通过轻敲来释放所有负面情绪。例如，设定好的祈使句可能是："尽管这些挑战让我感到完全不堪重负，但我接受我自己和我的感觉。"接下来，你可以继续轻敲几下来表达任何消极的想法、感受或情绪，比如"我觉得自己被逼到了极限，我无法承受更多了"。

然后，当你随着轻敲进入积极的肯定念头或想法的时候，在更深的层次上，加入一些额外的"心灵"洞察，来理解为什么你会经历任何你正在经历的挑战。结果可能会是"也许我正在学习在心灵层面上掌握什么（如复原力、忍耐力、内在力量）。我的心灵知道，它从未被给予超过它所能承受的东西"。

在练习中加入这样的心灵视角可以帮助高敏感人群尝试把挑战看作他们为更高阶的学习和心灵成长而设计的精神测试。

心灵的关键挑战

以下是一些我的高敏感来访者不得不面对的、源于过往生活的、关键且反复出现的情感挑战。在一切结束的时候，有一个简短但有效的冥想引导，可以帮助你进入你自己的心灵智慧，并引导你解决这些问题。

抑郁和"想家"的感觉：前文中我们提到过那种经常觉得你不属于某个地方的问题，但是对一些高敏感人群来说，这种体验更深刻，他们可能会将之描述为一种不属于地球上的感觉和一种精神回归的渴望，渴望回到超然于这个世界的地方。这种疏离感会引发抑郁的感觉和所谓的"精神上的乡愁"。对某些高敏感人群来说，谈论这种思乡之情可能是最困难的挑战之一。他们常常不知道那是什么，并且害怕如果告诉别人，他们会被认为患有精神疾病，或者他们所说的话会被误解为有自杀的想法。然而，这种感觉并不属于上述任何一种——它是完全不同的。

在我的研究中，我发现许多高敏感人群有不同程度的乡愁之感。以下是我从来访者那里获得的两个有用的启发：

"这些年来，我有好几次感到沮丧，不想再待在这里了。但不是想自杀。这很难解释。这种感觉就像想家一样。但是当我与精神的联系越强，它就出现得越容易。生活充满了同步性和魔力。显然，生活自有它的考验和苦难，但我现在已经成长了，我了解我从哪里来，我在这里是为了什么。我真的很幸运！"

"从 15 岁开始，我就有想家的感觉。倒不会一直这样，只是偶尔会。我好像永远不能，现在也不能，指出是什么触发了它，因为它似乎是随机发生的。这种感觉就在我的胃里，几乎让我想哭。它是如此强烈，我愿意离开我周围的一切，去我渴望的地方。我现在仍然经常这样，但现在我已经理解了为什么会发生这样的事情，我可以任由它发生而不再担心。"

治愈这些感觉的关键是通过理解精神居住在我们的内心，而不是我们的外部，意识到"家"就在我们的内心。

恐惧：高敏感人群一生中面临的另一个挑战是恐惧。从心灵的角度来看，这可以归因于对自己、对生活缺乏信任。恐惧将我们与我们的直觉、我们的内心和我们的真实感受分开。解放自己的关键是成为观察者，退后一步，记住我们不是我们的恐惧，我们也不是我们的情感。我们是人体内在的心灵。在这里将我们的心灵成长和进化体验成一个巨大的情感和感觉的统一体。

当情绪的海洋变得汹涌澎湃时，记住下面这件事将是非常有帮助的：在情绪最终平复之前，情绪的波涛必须出现并到达顶峰。心灵而言，知道自己是冲浪者，你的自我是冲浪板，你就可以学会乘风破浪。冲浪板可能会在情感上受到打击和伤害，但你的心灵知道，伴随着每一次经验，它都在学习和成长。有时风平浪静，有时波涛汹涌，但冲浪者只能在波浪起伏幅度足够的情况下进行练习。这些条件使他们的技能变得更加熟练，并最终完全掌握。

愤怒: 对高敏感人群而言，愤怒的情绪常常源于不公正的感觉，以及不得不在过去的生活中不断地与不公正或迫害做斗争。这让许多高敏感人群在心灵层面感到"战斗疲劳"。然而，愤怒最终只会加剧世界上已经存在的所有冲突。因此，我们真正的心灵使命是透过心灵的眼睛更深刻地理解我们面临的挑战。

如果我们能透过心灵的眼睛，而不是通过自我，我们就能开始减轻诸如愤怒等情绪反应，并在心灵层面理解挑战中蕴含着哪些教训和礼物。同样，下面的引导冥想也会帮助你做到这一点。

心灵觉醒冥想

这段简短的冥想将帮助高敏感人群对自己面临的情感挑战有一个更广阔的"心灵视角"，这样他们就能更容易地从生活中得到自己的教训和礼物。

如果你刚接触冥想，你只需知道要用心倾听，相信你所获得的一切。没有正确或错误的答案，如果你不能马上得到答案，不要担心。它需要练习，答案可以是各种形式的，如图像、声音、身体上的感觉、情感上的感受，甚至是我们的梦……

1. 找一个安静舒适的地方坐下或躺下，做几次深呼吸，让身体放松。继续专注于你的呼吸，你需要多久就持续多久，吸气数到四，呼气数到四。

2. 闭上眼睛，想象一个金色的太阳从你的胸部放射出来。它的金色光芒充满你的整个身体，并向外扩展。感觉你的脚（如果坐着）或背部（如果躺着）牢牢地扎根在你脚下的土地上。把你的意愿大声或安静地说出来，并寻求与你所面临的挑战有关的指导。

3. 现在想象你正站在山脚下。开始沿着一条小路走，越走越高，直到你到达山顶。做几次深呼吸，看看周围美丽的风景。想象一个人或一道光靠近你，并向你问候。一起坐下来，问他们任何有关你自己的心灵及其生命之旅的问题——你可以就如何应对你面临的挑战以及你可能从中学到什么寻求建议。需要花多少时间，就花多少时间。

4.当你接收到他们希望你知道的一切，他们就会起身离开。当你说再见的时候，感谢或拥抱他们。你随时都可以在这个神圣的地方再次遇见他们。当你准备好了，开始走下山吧。当你到达山脚下时，睁开你的眼睛。

第 17 章
保持内心的平衡

　　现在我们已经接近了这本书的末尾。这一章的目的是提供关于保持我们的身体、情感、心理和精神平衡的理解，从而达到一种内在的和谐，即使对最敏感的高敏感人群也是如此。

　　作为一名治疗师，我已经意识到存在于我们所有人体内的两种基本能量流：内在的女性能量和内在的男性能量，通常被称为阴（女性）和阳（男性）。女性能量倾向于与直觉、接受能力和"存在"联系在一起，而男性能量则与逻辑、行动和"做"联系在一起。平衡我们内在的女性和男性能量并不总是那么容易，尤其是在当今快节奏的世界里，社会、文化和我们自己对我们提出了越来越多的要求。这需要通过对旧模式、信念进行练习和有意识的觉知来达到正确的平衡。然而，这是非常重要的！我们试图为我们的整体健康和完满的感觉而这样做。

无论你是男人还是女人，你的内心都同时有男性化和女性化的能量。拥有健康的内在女性能量可以让我们变得听从直觉、相信自己的感受，并从内在产生想法和创造力；拥有内在的男性能量则可以让我们设定并保持界限，当我们需要的时候能够果断行事，并把想法付诸行动。遗憾的是，很多高敏感人群在这些能量上并不平衡，他们要么经常在两种能量之间交替，要么停留在其中一个的主导模式中。

这些不平衡的出现主要是因为如今社会上的男性和女性都经历过一种典型的伤害，这种伤害需要疗愈，以促成意识的转变。

在很多方面，我们所处的仍然是一个"男人的世界"，男性——或者男性化的能量——掌握着权力，而女性的一面则被关闭了。尽管文化在一定程度上开始发生变化，但仍有很多父权文化，其伤害是非常明显的。结果，两性都关闭了自己重要的女性能量的表达渠道。只有通过重新平衡我们自己内在的男性和女性能量，我们才能大体生活在一个遵从内心的世界里。在这样的世界上，爱、同情和彼此团结将优先于分离、控制和战争。

虽然保持这些能量流的平衡对每个人来说都很重要，但是高敏感人群往往更加需要注意保持身体、情感、心理和精神各方面的平衡。

想象一下，你的心灵是一颗钻石。钻石的每一面都是平等的，分别代表了身体、情感、心理和精神方面的自我。保持钻石的每一面都"打磨得很好"将会使一切都保持平衡和美丽。

你的身体方面当然就是你的物理身体，照顾好你的身体是很重要的。这种照顾包括足够的营养，足够多的水，有规律的锻炼和充足的睡眠。你的身体是容纳灵魂的容器：身体实际上就是你的圣殿。

你的情感方面是你在情感层面上与他人和周围世界建立联系的能力。通过旅行或志愿工作来探索不同的文化并发展我们的情感水平，可以让我们感受人类经历的丰富性，并在与他人和自己的关系中变得有情感修养。

你的心理方面是指你的智力、思想、信仰、态度和价值观。我们的思想会给我们带来可怕的困惑和内心的冲突，或者给我们带来深刻的理解。通过进一步的学习或教育等活动来发展我们的心智，可以使我们变得更开放，能更明智地辨别事物，能从我们的生活经历和周围的世界中获得智慧。

你的精神方面是你内在的本质，是你超越时间和空间而存在的部分。它是生命的内在联系和统一。通过不同的精神实践、冥想等活动培养我们精神层面的意识，可以让我们体验归属感，并给我们的生活带来更深远的意义和目的。

如果这些方面存在不平衡，那么整体上就会出现不平衡，就像多米诺骨牌效应一样。所以，如果一个人在情感上挣扎，他的心理健康可能会有问题，然后影响到身体健康，最后是精神健康。另一方面，当所有四个方面都处于平衡时——内在的男性和女性能量也平衡了——它们就会让你在生活中真正地闪耀。

这就是当我们开始以爱的频率震动，并且从心而活时会发生的事。我希望这本书从头到尾给出的各种实用技巧和指导，能帮助你在你存在的所有层次上保持平衡与和谐。照顾好自己的健康和幸福是每个人的首要任务。对于高敏感人群来说，他们对自己的能量是否平衡更加敏感。为了防止事情变得不堪重负，自我照顾更加重要，这样才能真正实现个人的蓬勃发展，以积极的方式把独特的天赋、能力和品质带给这个世界。

第 18 章
按你的意愿充分生活

很多高敏感人群就像闭合的花蕾。有些没有适宜的生长和开花条件，另一些则经受了太多的风暴。有些被采摘、践踏或丢弃，而另一些则被伪装起来混迹其中。但是，就像花蕾一样，你生来就不是永远封闭的。

你的本质就像一粒种子，拥有纯粹的潜能。从心灵的角度来看，你被种在了你应该去的地方，不管外部条件有多么困难。所有的种子开始时都埋在黑暗的泥土里。然而，所有的种子都本能地朝着光生长，即使它们看不见或感觉不到。

因此，重要的是要时刻记住，精神的种子是种在你心里的。而这种精神的种子包含了丰富的内涵，使你能够拥抱你的敏感和随之而来的一切——并让你成长为一个了不起的人。

如果你的童年没有给你作为一个高敏感的人所需要的安全感和爱的根基，那么现在就抓住机会把它们重新种在土壤中，这会让你知道你是谁，以及你应该成为什么样的人。

如果你周围的人不接受或不理解你的敏感，记住，真正重要的是你自己能接受。成年对你来说是一个新的成长机会。你现在可以成为你生命中的首席园丁。所以，把每一点爱、关怀和温柔都投入到培育那颗花蕾的过程中，让它充分而真实地绽放。一旦这真的发生了，你会发现自己感觉良好，能够吸引各种各样的志同道合的人，包括高敏感人群和非高敏感人群。

一旦你重新定义了你所经历的挑战，并从中发现了收获和教训，那么你就可以进一步思考如何利用这些来帮助别人。

我们的人生目标往往是一个看起来有些神秘的、逐渐展开的过程。例如，大多数见过我的人都很难理解我怎么会在监狱里当了这么多年的高级管理者。对他们来说这似乎不太"适合"，因为这看起来有很多矛盾的地方。但是你只要仔细看看我们的主流机构，你就会发现许多其他的高敏感人群也在从事着与他们自己的独特性看似相矛盾的事业。但无论如何，将光明带入黑暗、帮助他人或以某种方式帮助这个世界的内在召唤，已经根植于我们的内心深处。

世界上有很多黑暗的地方。我们只要打开电视，就能听到各种犯罪、腐败、欺骗、虐待、战争等消息。压力、倦怠、抑郁和上瘾正变得越来越普遍。疾病和不安使我们的健康和社会保障系统濒临崩溃。然而，重要的是要记住，在这个世界上也有很多光明，为了把光明照进黑暗，许多非凡的事情已经被很多人做了，而且仍然在做。他们带来了巨大的改变，而我们每个人都可以如此。也许和这些人选择的途径不一样，但区别在于我们可以从自己开始——从我们如何对待自己和他人开始。

我们的人生目标往往可以在我们的挑战或我们的故事中找到，所以深入挖掘很重要。例如，一位家长可能会因为自己的孩子死于未知的疾病而建立一个慈善机构来为研究筹集资金。这可能加速了治愈办法的发现，之后再也没有其他家长会经历同样的丧失了。一旦我们剥去所有的情感痛苦、过去的条件反射和敏感性的消极信念，我们就能开始感到强大，并向这个世界展现出我们惊人的、与生俱来的爱、同情、同理心、创造力、疗愈和帮助等影响力。

这个世界需要更多的敏感性，所以，如果你是一个高敏感的人，请不要再隐藏你是谁。你的光芒和你美丽的敏感是一份礼物。你可以通过站在你的力量中而做出改变——这种力量包括爱的力量和真实自我的力量。这最终也是你的精神目标。这一生的目标将在合适的时机展现。你过去所做的一切、现在所做的一切，以及你将来要做的一切，在某种程度上都是你人生目标的一部分。

所以，无论你在生活中做什么，请记住，高度敏感不是弱点或缺陷，而是一份能提升你生活质量的礼物。高敏感人群是我所认识的最强大的人群之一，如果能被理解和尊重，他们在任何环境中都能成为有用的资源，无论是在个人方面还是职业方面。

最后，我想说的是，我希望阅读这本指南已经帮助了你，当你学会更有效地管理你的特征，它将继续帮助和支持你。过去 15 年在这个领域的工作中，我看到很多高敏感人群，当他们发展出自爱和自我接纳，当他们学会如何运用他们的敏感性而不是抗拒它，当他们开始挖掘他们精神和心灵的内在智慧，当他们开始发自内心地生活、追随自己的激情，他们都得到了很好的成长，我希望这本指南也能让你感到鼓舞和充满力量。

致 谢

我要感谢我的儿子杰文，感谢他给我的生活带来的爱、欢乐、光明和笑声，感谢他在我写这本书时给予我的支持。我很幸运能成为他的妈妈。

我还要感谢杰里米·瓦恩的支持和善意——他邀请我参加他的英国广播电台节目，谈论高敏感人群；他帮助我为这本书找到出版商，并为它写了序言。我将永远深深地感谢他的帮助。

我还要感谢同为作家的米里亚姆·阿赫塔尔，她给出版社发推特和电子邮件描述关于杰里米节目中高敏感人群采访的内容。

衷心感谢凯利·汤普森，作为出版社的编辑，他推动了这本书的出版，并为它做了最后的润饰。感谢他对我的大力支持。我也不会忘记出版团队的其他成员：感谢我的出版商乔·拉尔，总经理伊坦·费尔德，负责宣传的吉莉安，负责市场营销的维克基，负责封面设计的弗朗西丝卡，将所有内容整合到一起的斯拉夫，负责手稿编辑的贝基迈尔斯，以及负责校对的史蒂夫。

我要感谢伊莱恩·艾伦博士，她对高敏感特征进行了开创性的研究，她的书《高敏感人群》彻底改变了我的生活。

我要感谢多年来所有的高敏感来访者和研讨会参与者，与如此美丽的灵魂一起工作对我而言是一种幸福。此外，特别感谢那些同意为这本指南分享他们的经验的人。感谢一路走来的老师和治疗师们，尤其是罗杰、特蕾莎、珍、瓦尔、约翰、安妮和维罗妮卡。特蕾莎，你是我个人和职业上不可替代的心理治疗师和老师，你的友谊和支持对我来说意义重大。感谢胡安妮塔和简在伍尔格学院继承了罗杰的遗产，感谢你们的支持，我很感激能和这么了不起的人一起学习。还有威廉·米德，感谢他的支持。

非常感谢前主管艾伦·达德利，他不仅帮助我度过了在监狱服务的 10 年，而且完全理解我是一个高敏感的人。我想感谢他，当监狱工作变得太沉重时，他让我捧腹大笑，非常感谢他一直以来的支持和友谊。

还有一些与我一同在监狱工作的人也要一一提及。感谢当地毒品策略负责人安迪对我的支持，感谢当地缉毒犬协调员保罗让我把一只监狱缉毒犬带回家。"尼禄"是我毛茸茸的天使，因为你们，我和它一起度过了 8 年美好的时光。谢谢我团队里的每一个成员，尤其是崔伯斯、"H"、达沃、丽齐、艾尔、斯图和缉毒犬们。最后，我要大声感谢以前监狱的同事们所做的富有挑战性的工作。

我还要感谢我所有的家人对我的支持。特别感谢我的母亲（以及你在四年前"作家周末"研讨会上送我的礼物）、我的阿姨安和斯科特一家。

感谢卡罗尔和史蒂夫，感谢你们是我家庭的成员，感谢你们为帮助我所做的一切，感谢你们对我的支持。

同时，非常感谢所有朋友们的支持和鼓励。特别是有几个人帮我度过了艰难的时刻——凡妮莎、莎拉、克丽丝、维芙、格伦、爱丽和斯塔尼亚。谢谢你们一直在那里，谢谢你们的义气。

非常感谢我的房东保罗（和盖伊），感谢我们的家，感谢你们对我的书的支持。

感谢珍·霍尔在我伤心的时候给我带来安慰，也感谢他对这本书的指导。

克莱尔·路易斯，感谢你为我创建了一个作者网站，并给予我技术支持，没有你我做不到这些。

感谢我每周都能遛的那些漂亮的狗，它们帮助我定期远离电脑——鲁、博迪、伍迪和塔米。

最后，我从内心最深处感谢我的精神导师和我所爱的人，他们一直陪伴着我，鼓励和支持我写这本书。

梅尔·柯林斯